सागर की संपदा

डॉ. डी.डी. ओझा

साईन्टिफ़िक पब्लिशर्स (इंडिया)
पो. बॉ. नं. 91 जोधपुर (भारत)

प्रकाशक
पवन कुमार शर्मा
साईन्टिफ़िक पब्लिशर्स (इंडिया)
5-A, न्यू पाली रोड़, पो.बॉ.नं.91
जोधपुर - 342 001 (भारत)
फोन - 0291-433323
Fax : 0291-512580
E-mail : scienti@sancharnet.in
artrans@satyam.net.in

ISBN : 81-7233-289-0

ISBN:9788172332891
9 788172 332891
Price: 250/-

लेजर टाईपसेट : राजेश ओझा
भारत में मुद्रित

ॐ ऋतं च सत्यं चा भीद्धात्तपसोऽध्यजायत:
ततो रात्र्यजायत ततः समुद्रो अर्णवः
(महानारायण उपनिषद् 5.5)

परमेश्वर ने सृष्टि की रचना से पूर्व सूर्य एवं समुद्र की रचना की है।

समुद्रादूर्मिर्मधुमाँ २ उदारदुपा शुना. . .ममृतस्य नाभिः।
यजुर्वेद 17.89

समुद्रे ते हृदयमप्स्वायुरपो दत्तोदधिं भिन्त ।
यजुर्वेद 18.55

समुद्रे अन्तर्निहितासि नाभिः
अथर्ववेद 1.13.3

समुद्र या सागर ही वह आधार है, जो मेघों को जन्म देता है। मानसून एवं वर्षा मूलरूप से समुद्र के ऋणी है। समुद्र से जो वाष्प उठती है, वही परिवर्तित होकर मेघ को धारण करती है, उसी से वर्षा होती है। यजुर्वेद ने इस वाष्प बनने की प्रक्रिया को मधुमय लहर कहा है और वर्षा को अमृत की नाभि अर्थात् जीवन शक्ति का केन्द्र कहा है। वर्षा का हृदय भी समुद्र है। इसके अतिरिक्त समुद्र रत्न आदि धन का दाता है तथा अपार ऊर्जा का केन्द्र भी है।

प्राक्कथन

आज से लगभग 5700 लाख वर्ष पूर्व पृथ्वी की सतह पर महासागरों का उद्भव हुआ था। आज जैसे महासागर और महादेश पहले नहीं थे, वरन् मात्र भूमि का एक टुकड़ा था जिसे "पैनजिया" कहा जाता है। यह उत्तरी ध्रुव से दक्षिणी ध्रुव तक फैला था। केवल एक महासागर, जिसे "पंथलासा" कहा जाता है, पूरे भूखंड के चारों तरफ था। पृथ्वी की सतह पर जैसे-जैसे बदलाव आते रहे, महासागर और महादेश बनते रहे। यह बदलाव आज भी जारी है।

यह सर्वमान्य तथ्य है कि हमारे जीवन के विकास के आरंभिक चरण महासागर के जल में पूरे हुए। वैज्ञानिकों के मतानुसार महासागरों के जल ने पराबैंगनी किरणों के प्रभाव से बचाकर जीवन को शरण दी। सागर पृथ्वी की जलवायु के नियंत्रक एवं नियामक है। यह वर्षा के लिये अपना जल ही प्रदान नहीं करता वरन् थल के ताप को भी नियंत्रित करने में महत्वपूर्ण योगदान देता है। मनुष्य के लिये सागर के महत्व को दिनोदिन बढ़ते जाने का एक प्रमुख कारण है मनुष्य की निरंतर बढ़ती हुई जनसंख्या और इस जनसंख्या वृद्धि के फलस्वरुप उत्पन्न होने वाले अन्य परिणाम। आज विश्व की जनसंख्या पाँच अरब से भी अधिक हो गई है तथा इसका एक दुःखद पहलू यह है कि यह वृद्धि उन देशों में अपेक्षाकृत अधिक है जिनके पास साधनों की कमी है। जनसंख्या वृद्धि से उत्पन्न हो रहे दुष्प्रभावों को हल करने के लिये अंततः हमें सागर की शरण में जाना पड़ेगा।

आज हमें विदित है कि सागर खाद्य और अन्य उत्पादों का बहुत बड़ा स्रोत है। वह खाद्य का तो अपार भंडार है ही, ऊर्जा का असीमित स्रोत है एवं अद्भुत औषधियों का भी विपुल भंडार है। अगर हम सागर के पानी के विभिन्न स्तरों के तापांतरों का उपयोग बिजली बनाने के लिये कर सकें तो हमें बिजली की कमी कभी नहीं होगी। इतना ही नहीं सागर से हमें विपुल मात्रा में खनिज भी प्राप्त हो सकते हैं। इसके अतिरिक्त यदि हमारे देश में निर्लवणीकरण की सस्ती तथा बेहतर विधियाँ विकसित हो जाएँ तो इसके पानी का उपयोग कर देश की ज्वलंत पेयजल समस्या का निदान किया जा सकता है।

हमारे देश में 6100 किलोमीटर से अधिक लम्बा समुद्र तट है तथा देश की 25 प्रतिशत जनसंख्या समुद्री तट पर रहती है जो मछली उत्पादन एवं अन्य तट से संबंधित गतिविधियों पर निर्भर है। सभी भारतीय नदियों का प्रतिवर्ष 1,645 घन

किलोमीटर जल समुद्र में आ मिलता है। देश के चार में से तीन महासागर और प्रदेशों में गुजरात, महाराष्ट्र, गोवा, कर्नाटक, केरल, तमिलनाडु, आंध्रप्रदेश, उड़ीसा एवं पश्चिम बंगाल समुद्र तट पर बसे हैं। समुद्रतटीय क्षेत्रों की प्रत्येक गतिविधियाँ प्रत्यक्ष या परोक्ष तौर पर महासागरों को प्रभावित करती है।

आज विचित्र स्थिति हो चुकी है कि थल की तरह हमारे सागर भी प्रदूषण से अछूते नहीं है। समुद्रों में कुल प्रदूषण भार में से 44 प्रतिशत सीधे या नदियों के माध्यम से मिलाया जाता है। 12 प्रतिशत प्रदूषण जल परिवहन, 10 प्रतिशत कचरे द्वारा, 33 प्रतिशत वायु द्वारा और एक प्रतिशत प्रदूषण तेल के कुओं द्वारा होता है।

सागर जैव विविधताओं का भी एक समृद्ध स्रोत है, जिसका मानव हित के लिये दोहन किया जा सकता है। समुद्र एक बहुपयोगी "जीन-पूल" भी है, जिसकी भविष्य में पृथ्वी पर जीन-संवर्धन में भी आवश्यकता पड़ सकती है। हमारे देश में राष्ट्रीय समुद्र विज्ञान संस्थान, केन्द्रीय औषधि अनुसंधान संस्थान तथा बोस अनुसंधान संस्थान के संयुक्त प्रयासों से विगत पांच-सात वर्षों में समुद्री वनस्पति और प्राणिजगत के अन्वेषण के लिये गंभीरतापूर्वक प्रयास किए गए हैं। इन प्रयासों के परिणामस्वरूप लगभग 500 समुद्री प्रजातियों की वैज्ञानिक छानबीन कर ली गई है।

हमारे देशवासियों को सागर के बारे में तथा इसकी संपदा के बारे में अत्यल्प ज्ञान है। अतः विपुल संपदाओं के भंडार-सागर से लाभ की आशा तभी की जा सकती है जब तक इसके बारे में सरल एवं बोधगम्य भाषा में साहित्य का प्रकाशन हो। इसी उद्देश्य को दृष्टिगत रखते हुए मैंने "सागर की संपदा" नामक पुस्तक का लेखन किया है।

इस पुस्तक का सफल लेखन कार्य पूज्यपाद, निरंजनपीठाधीश्वर, आचार्यमहामण्डलेश्वर, स्वामी श्री महेशानन्दजी गिरि महाराज के आशीर्वाद एवं सद्प्रेरणा से ही हुआ है। अतः सश्रद्ध भाव से यह पुस्तक उन्हीं को समर्पित है। इस पुस्तक के सफल लेखन कार्य में तकनीकी सहयोग हेतु लेखक प्रो. शिवगोपाल मिश्र, इंजी. एस.बी. माथुर तथा श्री श्यामसुन्दर शर्मा का हृदय से आभारी है। श्री पवन कुमार शर्मा ने अत्यल्प समय में इस पुस्तक के प्रकाशन में अभिरूचि दिखाई। अतः वे भी साधुवाद के पात्र है। आशा है यह पुस्तक प्रबुद्ध पाठकों के ज्ञान में अभिवृद्धि करने में सहायक होगी।

डॉ.डी.डी. ओझा

विषय सूची

अध्याय -1

सागर के रहस्य

एक समय था- वर्ष 1960 के दशक से पूर्व-जब साधारण मानव को नहीं, वरन् वैज्ञानिकों को भी, चन्द्रमा के बारे में अधिक जानकारी थी, हिंद महासागर के बारे में कम। वर्ष 1962-65 में आयोजित अंतरराष्ट्रीय हिंद महासागर अभियान ने इस महासागर के रहस्यों के सुव्यवस्थित तरीके से उद्‌घाटन की प्रक्रिया आरंभ की। हमारी खुशहाली बहुत अंश तक महासागरों की कृपा पर निर्भर करती है। हिंद महासागर हमारे लिये मात्र मानसूनों को ही जन्म नहीं देता। उसके पास तो हमारे लिए अथाह पानी है, लगभग कभी समाप्त न होने वाली खाद्य संपदा है, महत्वपूर्ण खनिजों के अपार भंडार हैं और ऊर्जा के अत्यन्त विशाल स्रोत। हम इन सबका लाभ उठा सकते हैं और अपनी अनेक ज्वलंत समस्याओं को हल कर सकते हैं। परन्तु हमारी जरूरतों की पूर्ति के लिये हमें सागरों की बनावट, पानी, लहरों, धाराओं, पर्वतों, मैदानों के बारे में उपलब्ध जानकारियों की व्याख्या करनी होगी, उसके जीव-जंतुओं के विषय में उपलब्ध विवरण पर दृष्टिपात करना होगा और खाद्य श्रृंखला को समझना होगा।

सागर के प्रति देश प्रेम एवं ऐतिहासिक परिदृश्य

हमारे देश का समुद्री तट 6100 किलोमीटर से भी अधिक लंबा है। इस तट पर स्थित अनेक क्षेत्रों में प्राचीन काल में ही उच्च कोटि की सभ्यता विकसित हो गई थी, इसलिये प्राचीन भारतवासियों का हिंद महासागर के सम्पर्क में आना स्वाभाविक था। उन्होंने बहुत पहले, आज से हजारों वर्ष पूर्व, मात्र अपनी अवलोकन शक्ति से, समयानुकूल पर्याप्त जानकारियाँ हासिल कर ली थी और वे उनका यथासंभव उपयोग भी करते थे। परन्तु आधुनिक ग्रंथों में, विशेष रूप से पाश्चात्य विद्वानों द्वारा रचे गये सागर वैज्ञानिक ग्रंथों में, इसका उल्लेख यदा-कदा ही मिलता है।

हमारे पूर्वज हिंद महासागर की लंबी-लंबी यात्राएं करते थे तथा इन यात्राओं का आरंभ ईसा के जन्म से लगभग 3000 वर्ष पूर्व ही, उस समय हो गया था जब सिंधु धाटी सभ्यता के निवासी नियमित रूप से बॉबीलोन के साथ समुद्री मार्ग से व्यापार करने लगे थे। यदि हम ऐतिहासिक परिदृश्य में देखें तो विदित होगा कि भोज द्वारा रचे गये युक्ति कल्पतरू ग्रंथ में जलयान निर्माण कला का विस्तृत वर्णन हैं। सम्राट अशोक के पास जहाजी बेड़ा था। बौद्ध धर्म के प्रचार हेतु

उनके पुत्र और पुत्री द्वारा की गई समुद्री यात्रा ऐतिहासिक महत्व की थी। महान गुप्तवंशी सम्राट, समुद्र गुप्त की भी शक्तिशाली नौ सेना थी।

हमारे देश में दक्षिण भारत के तीन ओर से सागर से घिरे होने के कारण वहाँ के निवासी सागर में विशेष रूचि लेते रहे हैं, विशेष रूप से तमिल लोग, प्राचीन काल से ही लंबी-लंबी समुद्री यात्राएं करते रहे हैं। प्राचीन तमिल साहित्य में अनेक बंदरगाओं का उल्लेख मिलता है। उसमें नौका-निर्माण और संचालन के तरीकों का भी विस्तृत वर्णन है। (चित्र 1.1) दसवी सदी के अंतिम चरण में राजा चोल के पास एक शक्तिशाली नौ सेना थी जिसकी मदद से उसने श्रीलंका पर विजय प्राप्त की थी।

प्राचीन भूगोलवेत्ता, टॉलमी, ने अपने प्रसिद्ध ग्रंथ ज्याग्राफी (रचनाकाल लगभग वर्ष 150) में भारत के दोनों, पश्चिमी और पूर्वी, तटों के अनेक बंदरगाहों का उल्लेख किया है। आज से लगभग 800 वर्ष पूर्व जब अरब व्यापारी नियमित रूप से समुद्री यात्राएं करने लगे थे उस समय भी हिंद महासागर पर भारतीय जहाजों का बोलबाला था। हमारी नौकाएँ उस पर इठलाती हुई सुदूर देशों की यात्राएँ करती थी, कदाचित उसी समय किसी अज्ञात अरब व्यापारी/ भूगोलवेत्ता ने इस महासागर का नाम हमारे देश पर 'हिंद महासागर' रख दिया था। यह नाम आज भी प्रचलित है और सदैव प्रचलित रहेगा।

उसके बाद मध्य युग में यद्यपि सागर से हमारा संपर्क कम हो गया फिर भी शिवाजी के शासन काल में मराठाओं की एक नियमित नौ सेना थी। शिवाजी ने अनेक युद्धपोतों का निर्माण कराया था और उनका सेनापति, आंग्रे और उसका जहाजी बेड़ा तत्कालीन यूरोपीय ताकतों के लिये दहशत बना हुआ था।

चित्र 1.1 प्राचीन तमिल नौका

अन्य देशों के अभियान

हिंद महासागर पर लंबी-लंबी व्यापारिक यात्राएं करने और साहसिक अभियान आयोजित करने में प्राचीन यूनान, मिश्र, सीरिया के निवासियों का भी महत्वपूर्ण योगदान रहा है। रोमन साम्राज्य के पतन का हिंद महासागर के उत्तरी भाग से गुजरने वाले व्यापारिक मार्गों पर बुरा असर पड़ा था। वे लगभग बंद हो गये थे। परन्तु मिस्र निवासियों को वे भली-भांति ज्ञात थे और धर्मयुद्ध के दौरान यूरोपवासियों ने उनका उपयोग भी किया था। चीन से वापिस स्वदेश लौटते हुए मार्को पोलो मल्लका के मुहाने से गुजरा था। वर्ष 1498 में वास्को-द-गामा हिंद महासागर पर से यात्रा करता हुआ (चित्र 1.2) ही भारत पहुँचा था तथा वे अंग्रेज भी हिंद महासागर पार करके जो व्यापारी बनकर आए थे और हमारे देश के शासक बन गए थे।

मैगेलान के जहाजी बेड़े और फ्रांसिस ड्रेक ने भी हिंद महासागर को पार किया था। उनके बाद अनेक साहसिक सागर अभियान आयोजित किए गए पर उनका मुख्य उद्देश्य व्यापारिक महत्व के जलमार्ग खोजना अथवा नए देशों पर अपना आधिपत्य जमाना ही था। वर्ष 1768 एवं 1789 के बीच की गई कैप्टन जैम्स कुक (चित्र 1.3) की यात्राएं ही पहली ऐसी समुद्री यात्राएं थी जिनका उद्देश्य मात्र सागरों का वैज्ञानिक अध्ययन करना था। अपनी इन यात्राओं के दौरान उसने हिंद महासागर के कुछ क्षेत्रों के पानी, गहराई, जीव-जंतुओं आदि का भी अध्ययन किया था।

चित्र 1.2 वास्को डि गामा का जहाज

चित्र 1.3 कैप्टन जैम्स कुक

सागर विज्ञान के प्रणेता

यदि हम किसी व्यक्ति को "सागर विज्ञान का जनक" होने का श्रेय दे सकते है तो वह है अमेरिका की नौ सेना के लेफ्टिनेंट मैथ्यू फोटेन मॉरे (1806-1873)। उन्होंने इस नव विज्ञान को सर्वप्रथम ठोस आधार प्रदान किया। मॉरे (चित्र 1.4) अत्यन्त कुशाग्र बुद्धि एवं विलक्षण प्रतिभाशाली अमेरिकी नौसैनिक थे। अभाग्यवश नौ सेना में भर्ती होने के कुछ दिन बाद ही वे दुर्घटनाग्रस्त हो गए थे और समुद्री यात्राओं के योग्य नहीं रहे थे, अतएव उन्हें वाशिंगटन स्थित मानचित्र एवं उपकरण कार्यालय का प्रभारी बना दिया गया। वहाँ उन्होंने हजारों जहाजों की यात्राओं की लॉग बुक और चार्टों के अध्ययन किए और उनके आधार पर अनेक उपयोगी निष्कर्ष निकाले। वर्ष 1836 में प्रकाशित "न्यू थ्योरिटिकल एंड प्रेक्टिकल ट्रिटॉइज ऑन नेवीगेशन" उनकी पहली पुस्तक थी। यह पुस्तक इतनी उपयोगी थी कि उस समय, सेन फ्रांसिसकों से लंदन तक की समुद्री यात्रा की अवधि में 180 दिन की कमी कर सकना संभव हो सका था। मॉरे ने 1855 में सागर भौतिकी पर एक और पुस्तक "Physical geography of the sea" प्रकाशित की। ऐसा उल्लेख मिलता है कि उनकी प्रेरणा से ही ग्रेट ब्रिटेन एवं जर्मनी में मौसम विज्ञान विभाग की स्थापना हुई। वर्ष 1863 में उन्होंने ब्रुसेल्स में एक अंतरराष्ट्रीय सागर सम्मेलन का भी आयोजन किया था। इस सम्मेलन में सब समुद्री यात्राओं के दौरान वायु तथा जल की स्थिति संबंधी आंकड़े एकत्रित करने की परम्परा स्थापित करने की सिफारिश भी की थी। यह परम्परा आज भी प्रचलित है। इसके पश्चात् प्रो. बाके के नेतृत्व में संयुक्त राज्य

चित्र 1.4 सागर विज्ञान के प्रणेता - मैथ्यू मॉरे

अमेरिका के तट सर्वेक्षण विभाग ने गल्फ स्ट्रीम के ताप एवं वेग के बारे में विस्तृत अध्ययन किए।

चैलेंजर महाभियान

सागर में जीवन का वितरण भी एक ऐसी समस्या थी जिसने रॉयल सोसायटी, लंदन को विश्वव्यापी सागर अभियान आयोजित करने की प्रेरणा दी। इस अभियान के उद्देश्य थे- बड़ी समुद्री बेसिनों में गहरे सागर के भौतिक गुण ज्ञात करना, सब गहराइयों पर सागर के पानी के रासायनिक गुण मालूम करना, सागर की तली की जमावटों के भौतिक और रासायनिक अभिलक्षण ज्ञात करना तथा सागर की सब गहराइयों पर तथा उसकी तली पर जीवों का वितरण ज्ञात करना।

अभियान के लिए 2,306 टन के एक कोरवेट किस्म के जहाज को वैज्ञानिक अन्वेषण के लिये विशेष रूप से सुसज्जित किया गया और उसे चैलेंजर नाम दिया गया। चैलेंजर (चित्र 1.5) 61 मीटर लंबा और 2,306 टन भारी पोत था जो मुख्य रूप से पालों की सहायता से चलता था, परन्तु उसमें 1,234 अश्व शक्ति के भाप इंजन भी लगे थे। सागर की तली की जमावटों और जीव-जन्तुओं आदि के नमूने लेने हेतु एक स्थल पर खड़े रहने के लिये उसे अपने पाल बंद कर

चित्र 1.5 चैलेंजर पोत

देने पड़ते थे और भाप इंजन चलाने पड़ते थे। यह पोत 6 वैज्ञानिकों के एक दल के साथ, जिसके अध्यक्ष चार्ल्स वीवल थॉमसन थे, दिसम्बर 1872 में इंग्लैण्ड के प्लाईमथ बंदरगाह से रवाना हुआ। चैलेंजर अभियान के दौरान सागरों के बारे में जितने तथ्य एकत्रित किए गये उतने आज तक किसी भी अन्य अभियान ने नहीं किए। लगभग 4 वर्षों तक अनवरत रूप से चलने वाली अपनी 1,27,500 किलोमीटर लंबी अध्ययन यात्रा के दौरान चैलेंजर हिंद महासागर से भी गुजरा था। उसने हिंद महासागर की तली की बनावट, पानी, जीव -जन्तुओं, खनिजों आदि के बारे में अनेक महत्वपूर्ण तथ्यों की खोज की थी। चैलेंजर अभियान में 492 स्थलों पर सागर की गहराइयाँ मापी गई, 133 स्थानों से सागर की तली की जमावटों से नमूने एकत्रित किए गए एवं 263 स्थानों पर सागर के पाँनी के ताप अंकित किए गए। इनमें से कई हजार जीव-जन्तुओं के नमूने एकत्रित किए गए। इनमें से 471 जीव-जंतु नई प्रजातियों के थे।

विस्तार

हिंद महासागर उस विश्व सागर का ही एक अंग है जो पृथ्वी के 70.9 प्रतिशत भाग को घेरे हुए है। वह पृथ्वी के लगभग 14 प्रतिशत भाग और विश्वसागर के 21 प्रतिशत भाग में फैला हुआ है। साधारणतः हम उस जल राशि को हिंद महासागर कहते हैं जो 72° दक्षिण से 30°

उत्तर अक्षांसों तक, अफ्रीका और आस्ट्रेलिया महाद्वीपों के बीच फैली हुई है। इसका क्षेत्रफल 7,49,17,000 वर्ग किलोमीटर है, परन्तु उसमें अरफरा सागर, कुछ लोग इसे हिंद महासागर का ही भाग मानते हैं, मिला देने से क्षेत्रफल 7,59,40,000 वर्ग किलोमीटर हो जाता है, प्रशांत (पैसेफिक) और अंध (अटलांटिक) दोनों महासागरों से छोटा यह महासागर औसतन उनसे गहरा भी कम है। इसकी औसत गहराई 3900 मीटर है परन्तु इसके दक्षिणी एवं पूर्वी भाग अपेक्षाकृत अधिक गहरे हैं - लगभग 6000 मीटर गहरे। इसका सबसे गहरा भाग जावा द्वीप के दक्षिण तट के निकट है और वहीं इसका सबसे गहरा खड्ड, सुन्ट्रा खड्ड (गहराई 7,437 मीटर) स्थित है। अब आप अनुमान लगा सकते हैं कि हिंद महासागर में कुल कितना पानी है? लगभग 29,19,45,000 घन किलोमीटर।

महासागर महाद्वीपों की तरह एक दूसरे से अलग नही है। फिर भी वैज्ञानिकों ने सुविधा के लिए इन चार खंडों-प्रशांत, अटलांटिक, हिंद और आर्कर्टिक महासागर में बांटा है। प्रशांत महासागर सबसे बड़ा तथा सबसे पुराना महासागर है। यह पृथ्वी के 35.35 प्रतिशत क्षेत्र में फैला है तथा इसकी सर्वाधिक चौड़ाई 16,885 किलोमीटर तथा सर्वाधिक गहराई 11.5 किलोमीटर है। अटलांटिक महासागर पृथ्वी के 20.9 प्रतिशत भाग में फैला है तथा यह दूसरा बड़ा महासागर है। इसकी अधिकतम गहराई 8.4 किलोमीटर है।

हिंद महासागर का विस्तार भारत के केप कैमोरिन से लेकर दक्षिणी ध्रुव तक है। यह पृथ्वी के 14.65 प्रतिशत क्षेत्र में फैला है तथा इसकी अधिकतम गहराई 7.7 किलोमीटर है। आर्कटिक महासागर उत्तरी ध्रुव के चारों ओर फैला है तथा इसका क्षेत्र 129.5 लाख वर्ग किलोमीटर है (सारणी 1.1)।

हमारे देश को विशेष रूप से उसके दक्षिणी भाग को, तीन ओर से घेरने वाला हिंद महासागर, हमारे देश से आरंभ होकर अंटार्कटिक महाद्वीप तक निर्विघ्न फैला हुआ हैं। हमारे लिए इसके दो अंग अत्यधिक महत्वपूर्ण हैं, ये हैं - अरबसागर एवं बंगाल की खाड़ी। वस्तुतः हमारे देश के कुछ द्वीपों को घेरने वाले अंडमान सागर और लक्षद्वीप सागर भी इस महासागर के भाग है।

अरबसागर हमारे पश्चिमी तट से आरंभ होकर अरब प्रायः द्वीप के दक्षिणी और अफ्रीका के पूर्वी तट तक फैला हुआ है। बलूचिस्तान और अरब प्रायः द्वीप के तट इसकी उत्तरी सीमा बनाते हैं, परन्तु इसके दक्षिण में कोई थल नहीं है, इसलिए अंतरराष्ट्रीय जल वैज्ञानिक ब्यूरों ने अरब सागर की दक्षिण-पश्चिमी सीमा उस काल्पनिक रेखा से निर्धारित की है जो रास हफन (सोमालिया) से एड्डूद्वीप को और फिर मालद्वीप और लक्षद्वीप के पश्चिमी तटों को जोड़ती हुई, भारत के पश्चिमी तट पर स्थित सदाशिव गढ़ लाइट हाऊस (14°48' उत्तर अक्षांश और 74°07' पूर्व देशांतर) तक जाती है।

सारणी 1.1. महासागरों तथा प्रमुख सागरों का विस्तार

	नाम	क्षेत्र (वर्ग किलोमीटर)
महासागर		
	प्रशांत	177,597,900
	अटलांटिक	105,229,900
	हिंद	74,049,290
	उत्तरी धुव महासागर	13,926,900
	दक्षिणी धुव महासागर	32,328,600
सागर		
	दक्षिण चीन सागर	81,42,331
	कैरीबियन सागर	27,52,957
	भूमध्य सागर	25,03,689
	बेयरिंग सागर	22,68,017
	मेक्सिको की खाड़ी	15,42,873
	ओखोट्स्क सागर	15,27,464
	पूर्वी चीन सागर	12,49,060
	हडसन की खाड़ी	12,32,226
	अंडमान सागर	7,97,658
	उत्तरी सागर	5,75,259

ईरान की खाड़ी एक स्वतंत्र सागर है। इसी प्रकार जल के गुणों के आधार पर आमतौर से लक्षद्वीप और श्रीलंका के बीच स्थित जलराशि को भी अरब सागर का भाग नहीं समझा जाता है, उसे स्वतंत्र, लक्षद्वीप सागर माना जाता है।

बंगाल की खाड़ी का विस्तार गंगा और ब्रह्मपुत्र के डेल्टाओं से लेकर दक्षिण में उस काल्पनिक रेखा तक है जो श्रीलंका को सुमात्रा के सबसे उत्तरी भाग से जोड़ती है। अंग्रेजी के 'यू' अक्षर के आकार की यह बेसिन भारत के पूर्वी तट और बर्मा प्रायः दीप के पश्चिमी तट के बीच फैली है। इसका क्षेत्रफल लगभग 22 लाख वर्ग किलोमीटर है। इसी बेसिन में हमारे स्वतंत्रता संग्राम के तीर्थस्थल, अंडमान (अंडमान-निकोबार) द्वीप, स्थित है। वास्तव में ये द्वीप अराकान योमा पर्वत के जलमग्न अंश की चोटियां हैं।

महासागरों की उत्पत्ति

जैसा कि विदित है कि पृथ्वी की उत्पत्ति के बारे में अनेक धारणाएँ है, परन्तु अधिकतर वैज्ञानिकों के अनुसार लगभग 46,000 लाख वर्ष पूर्व पृथ्वी का उद्‌भव हुआ। आरंभ में पृथ्वी आग का एक दहकता गोला थी और इसका वायुमंडल आज से बिल्कुल भिन्न था। जल और जीवन का कहीं नामोंनिशान नहीं था। धरती के धीरे- धीरे ठंडा होने की प्रक्रिया में विभिन्न रासायनिक प्रतिक्रियाओं से वायुमंडल में जलवाष्प की उत्पत्ति हुई। लाखों वर्ष बाद जब पृथ्वी की सतह का तापमान 100 डिग्री सेल्सियस से कम हो गया तो वाष्प संघनित होकर पानी की बूंदों के रूप में पृथ्वी की सतह पर आयी। इस क्रिया से पृथ्वी तेजी से ठंडी होने लगी। ऐसा माना जाता है कि आज से लगभग 5700 लाख वर्ष पूर्व पृथ्वी की सतह पर महासागरों का उद्‌भव हुआ।

आज जैसे अनेक महासागर और महादेश पहले नहीं थे, वरन् केवल भूमि का एक टुकड़ा था जिसे "पैनेजिया" कहा जाता है। यह उत्तरी ध्रुव से दक्षिणी ध्रुव तक फैला था। केवल एक महासागर, जिसे "पंथलासा" कहा जाता है, पूरे भूखंड के चारों ओर था। इसका विस्तार 220 डिग्री था। आज के सबसे विशाल प्रशांत महासागर का विस्तार मात्र 130 डिग्री है. विश्व स्तर पर विभिन्न सागर बेसिनों को चित्र 1.6 में दर्शाया गया है।

पैनजिया के उत्तरी और दक्षिणी हिस्से टेथिस नामक समुद्र से जुड़े थे। बाद में पृथ्वी की सतह पर जैसे-जैसे बदलाव आते रहे, महासागर और महादेश बनते रहे। यह बदलाव आज भी जारी है। इसका उदाहरण हिमालय की बढ़ती हुई ऊँचाई और भारतीय उपमहाद्वीप का यूरेशिया की ओर खिसकना है।

जीवन के विकास में महासागर

यह विवादास्पद विषय हो सकता है कि जीवन की उत्पत्ति कैसे हुई, परन्तु, उत्पत्ति और जीवन के विकास के आरंभिक चरण महासागर के जल में पूरे हुए, इस बारे में कोई मतभेद नहीं है। अधिकतर वैज्ञानिक मानते हैं कि प्रारंभ में जो गैसे वायुमंडल में थी उनसे पराबैंगनी किरणें गुजरने के कारण जल में एमिनो अम्ल और न्यूक्लिक अम्ल जैसे जैविक पदार्थ बने। बाद में इनके चारों तरफ किसी कारण से एक झिल्ली बनी और इस प्रकार प्रथम कोशिका की उत्पत्ति हुई होगी। पहले सूर्य की किरणों में पराबैंगनी किरणों की बहुलता के कारण भूमि पर जीवन का विकास संभव नहीं था, परन्तु महासागरों के जल ने पराबैंगनी किरणों के प्रभाव से बचाकर जीवन को शरण दी।

प्रसिद्ध रसायनज्ञ स्टानली मिलर ने एक फ्लास्क में गैसों का ऐसा मिश्रण लिया जिसके बारे में अनुमान है कि पृथ्वी के आरंभ में भी वैसा ही मिश्रण वायुमंडल में रहा होगा। इस मिश्रण में जलवाष्प प्रचुर मात्रा में थी। इसमें से पराबैंगनी किरणें गुजारने के बाद फ्लास्क की दीवार पर

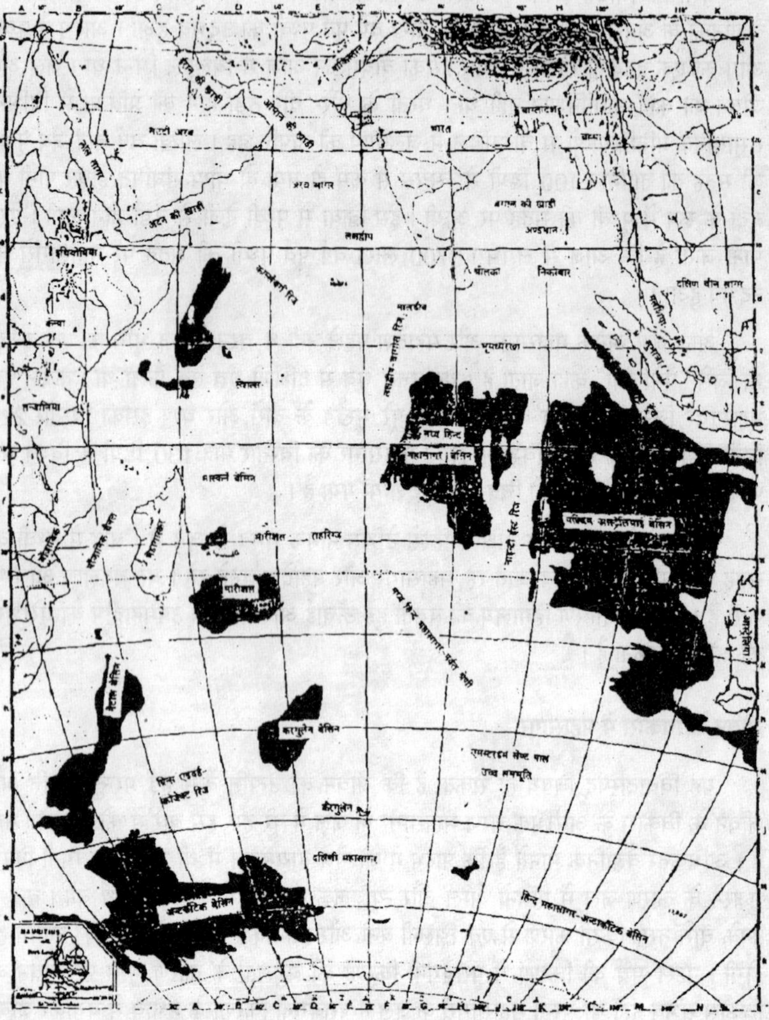

चित्र 1.6 विभिन्न सागर बेसिन

कुछ भूरे पदार्थ दिखाई दिए। उनके रासायनिक विश्लेषण से ज्ञात हुआ कि ये पदार्थ एमीनों अम्ल (Amino Acid) हैं, जिनसे प्रोटीन बनता है।

अनेक दशकों तक जीवन की उत्पत्ति का यही सिद्धान्त सर्वमान्य रहा, अब न्यूयार्क के कोर्नेल विश्वविद्यालय के वैज्ञानिकों द्वारा किये गए अन्वेषण के अनुसार कार्बनिक पदार्थ अन्तरिक्ष से आए थे और उनसे ही जीवन का आरंभ हुआ। कार्ल सांगां के अनुसार अंतरिक्ष से पृथ्वी पर कणों की लगातार वर्षा होती है। इनमें कार्बनिक पदार्थों के कण भी होते हैं। एक माइक्रोमीटर से बड़े पदार्थ तो रास्तों में ही जल जाते हैं, परन्तु उनसे छोटे आकार के कण सुरक्षित पृथ्वी पर आ जाते हैं। एक अनुमान के अनुसार अंतरिक्ष से पृथ्वी पर आने वाले 3000 टन कणों में लगभग 300 टन कार्बनिक पदार्थ होते हैं।

यद्यपि इन कार्बनिक पदार्थों की उत्पत्ति आज भी विवादास्पद विषय है, परन्तु इन पदार्थों से ही सागर और महासागर में जीवन की उत्पत्ति हुई। आज़ भी महासागरों में जैव- विविधता पृथ्वी की अपेक्षा बहुत अधिक है। भूमि पर हमें विभिन्न प्रकार के जानवर कीट-पतंगे तथा पेड़-पौधे मिलते हैं, परन्तु सागरों, नदियों, और महासागरों में उससे भी अधिक जीव-जंतु एवं वनस्पतियां विद्यमान है। पूरे विश्व के भू-भाग में जितनी ऑक्सीजन बनती है, उससे कई गुणा अधिक महासागरों के जल में छोटे-छोटे शैवालों द्वारा उत्पन्न होती है। भूमि-महासागर वायुमंडल के बीच पारस्परिक क्रिया को चित्र 1.7 में दर्शाया गया है।

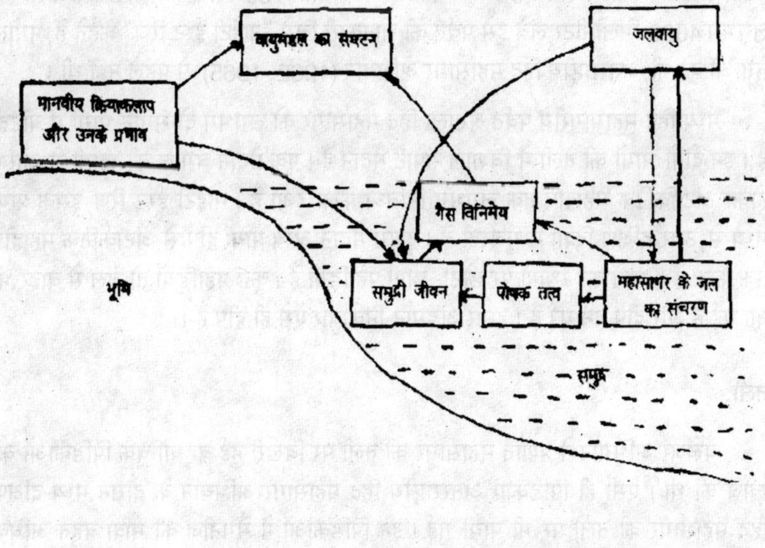

चित्र 1.7 भूमि-महासागर- वायुमंडल के बीच पारस्परिक क्रिया

पर्वत श्रृंखलाएं एवं समतल मैदान

हिंद महासागर में भी जलमग्न पर्वत श्रृंखलाएं हैं, समतल मैदान हैं, गहरी खाइयां हैं, दरारें और विभंग हैं, सुप्त और सक्रिय जलमग्न ज्वालामुखी है और मूंगों (Corals) द्वारा बनाई गई रीफें और द्वीप हैं। हमारे लक्षद्वीप समूह के टापू मूंगे उद्‌गम के हैं जबकि भारत से बाहर भारतीय संस्कृति के महान केन्द्र, मारीशस द्वीप, ज्वालामुखी उद्‌गम है।

हिंद महासागर में भी उस मध्य महासागरीय पर्वत श्रृंखला का एक बड़ा भाग स्थित है, जिसकी खोज चैलेंजर अभियान के दौरान वर्ष 1873 में हुई थी। इसका विस्तृत अध्ययन बहुत बाद में, अंतरराष्ट्रीय भूभौतिक वर्ष (1957-58) के दौरान किया गया। मध्य महासागरीय पर्वत श्रृंखला की हिंद महासागर में स्थित शाखा का आकार लगभग उल्टे "वाई" अक्षर जैसा है। इसका आरंभ अरब प्रायः द्वीप के दक्षिण में स्थित काल्सबर्ग पहाड़ी के रूप में होता है। सेशल्स द्वीपों के पास यह दो शाखाओं में बंट जाती है - एक अफ्रीका के पूर्वी तट के निकट गुजरती हुई अंध महासागर में चली जाती है और दूसरी पूर्व की ओर आस्ट्रेलिया के दक्षिण से होती हुई प्रशांत महासागर में चली जाती है।

मध्य महासागरीय पर्वत श्रृंखला का वह भाग जो हिंद महासागर में स्थित है, "मध्य हिंद महासागरीय पर्वत श्रृंखला" कहलाता है। हिंद महासागर में इस पर्वत श्रृंखला के अतिरिक्त और भी कई जलमग्न पर्वत हैं, इनमें कदाचित सबसे उल्लेखनीय वह है जो बंगाल की खाड़ी में 10° उत्तर अक्षांश से आरंभ होकर, 90° पूर्व देशांतर के समानांतर 30° दक्षिण अक्षांश तक फैला है। लगभग 4000 मिलीमीटर लंबे इसे पर्वत की जानकारी जिसे "नाइंटी ईस्ट रिज" कहते हैं, भूगोल वेत्ताओं को भी, अंतरराष्ट्रीय हिंद महासागर अभियान (1962 -1965) से पहले नहीं थी।

मध्य हिंद महासागरीय पर्वत श्रृंखला हिंद महासागर को लगभग दो समान भागों में बांटती है। इन दोनों भागों की तली में विशाल सपाट मैदान हैं। एक मैदान बंगाल की खाड़ी से आरंभ होकर अंटाकिर्टिक महाद्वीप तक लगभग निर्विघ्न फैला हुआ है। नाइंटी ईस्ट रिज, इसके प्रायः मध्य से, उत्तर दक्षिण दिशा में गुजरती हैं। दूसरा मैदान अरब प्रायः द्वीप से अंटार्कटिक महाद्वीप तक फैला है। इसमें कई स्थानों पर छोटी- छोटी पहाड़ियां हैं। कुछ पहाड़ियां तो जल से बाहर भी आ गई हैं और द्वीप बन गई है। हमारे अंडमान-निकोबार ऐसे ही द्वीप हैं।

तली

चैलेंजर अभियान ने प्रशांत महासागर की तली पर बिखरी हुई बहुधात्विक पिंडिकाओं की खोज की थी। ऐसी ही पिंडिकाएं अंतरराष्ट्रीय हिंद महासागर अभियान के दौरान मध्य-दक्षिण हिंद महासागर की तली पर भी पायी गई। इन पिंडिकाओं में मैंगनीज की मात्रा बहुत अधिक होती है, इसलिये पूर्व में इन्हें "मैंगनीज पिंडिकाएं" कहा जाता था, परन्तु अब इनमें उपस्थित अन्य

धातुओं यथा-तांबा, निकिल, कोबाल्ट आदि का महत्व मैंगनीज की तुलना में बढ़ गया, इसलिए अब ये "बहुधात्विक पिंडिकाएं" कहलाने लगी हैं। ये हिंद महासागर में लगभग एक करोड़ वर्ग किलोमीटर क्षेत्र में बिखरी पड़ी हैं। हमारे अनुसंधान पोत "सागर कन्या" ने ही सर्वप्रथम 26 जनवरी 1981 को लगभग 5 किलोमीटर गहरे सागर से इनके नमूने निकाले थे। अब संयुक्त राष्ट्र संघ ने भारत को 1,50,000 वर्ग किलोमीटर क्षेत्र में से पिंडिकाएं को निकालने की अनुमति प्रदान कर दी है।

हिंद महासागर में अगर पर्वत और चोटियां है तो खाइयां और गहरे खड्ड भी हैं। एक खाई भारत के पूर्वी तट के लगभग समानांतर श्रीलंका तक गई है। इसका पता हमारे अनुसंधान पोत 'कृष्णा' ने लगाया था। गंगा, गोदावरी व कृष्णा नदियों के डेल्टाओं के निकट से गुजरने वाली इस खाई की सबसे अधिक गहराई श्रीलंका के पास है।

दूसरी खाई बर्मा के दक्षिण-पश्चिम से शुरू होकर सुमात्रा के उत्तर तक गई है। यह लगभग 750 किलोमीटर लंबी, 40 किलोमीटर चौड़ी और 2 से 5 किलोमीटर तक गहरी है। विलक्षण बात यह है कि इसके दोनों किनारे बहुत ऊँचे हैं। एक अन्य खाई सुमात्रा के पश्चिमी तट से आरंभ होकर जावा के दक्षिणी तट तक गई हैं। यह अपेक्षाकृत अधिक गहरी है। इसी में हिंद महासागर का सबसे गहरा स्थल, सुन्द्रा खड्ड स्थित है।

इस महासागर की तली के अधिकांश भाग पर लगभग 54 प्रतिशत भाग पर चूनामय किस्म की ग्लोबिजेरिना ऊज की जमावटें हैं। यह ऊज उन क्षेत्रों में विशेष रूप से पाई जाती है, जहां सागर की गहराई अधिक नहीं हैं, पानी का ताप ऊँचा है और जहाँ जीव अधिक संख्या में पाए जाते हैं। मोटे तौर से यह भाग 20° उत्तर और 40° दक्षिण अक्षांशों के बीच स्थित एक विशाल पट्टी है। महासागर के दक्षिण भाग की तली पर, जो 50° दक्षिण अक्षांश के दक्षिण में हैं, डायएटमी ऊज जमी हुई है।

महाद्वीपिय शैल्प और ढलान

सागर उस स्थान से शुरू नहीं हो जाता जहां थल समाप्त होता है। आमतौर पर थल धीरे-धीरे नीचा होता जाता है। इस प्रकार सब महाद्वीपों के इर्द-गिर्द (कुछ क्षेत्रों को छोड़कर) कई सौ किलोमीटर का उथला-जलमग्न क्षेत्र हैं जो ज्वार-रेखा से लेकर लगभग 1200 किलोमीटर दूर तक फैला जा सकता है। गहराई के अनुसार इसे "महाद्वीपीय शैल्फ" (Continental shelf) और महाद्वीपीय ढलान (Continental Slope) कहते हैं। आमतौर से 180 मीटर तक की गहराई वाले क्षेत्र को "महाद्वीपीय शैल्फ" और उससे 1100 मीटर तक की गहराई वाले क्षेत्र को "महाद्वीपीय ढलान" माना जाता है। वैसे सागरों के इन क्षेत्रों में भी खाइयां, पर्वत और टीले होते हैं। साथ ही हर स्थान पर इनकी चौड़ाई और गहराई बराबर नहीं होती है।

सागर के ये क्षेत्र विशेष रूप से महाद्वीपीय शैल्फ हमारे लिए सबसे उपयोगी क्षेत्र होते हैं।

आज हम सागरों से जितना खाद्य, पेट्रोलियम, खनिज, ऊर्जा आदि प्राप्त कर रहे हैं उसका लगभग नब्बे प्रतिशत इन्हीं क्षेत्रों से प्राप्त हो रहा है। हमारे देश के तटों के निकट महाद्वीपीय शैल्फ का क्षेत्रफल लगभग 4.5 लाख वर्ष किलोमीटर है। सारणी 1.2 में महासागरों की मुख्य खाइयाँ और उनकी गहराइयाँ दर्शायी गई है।

सारणी 1.2. महासागरों की मुख्य खाइयाँ और उनकी गहराइयाँ

महासागर	खाइयाँ	गहराई (मीटर)	गहराई (फीट)
प्रशांत	मैरियाना खाई (चैलेंजर द्वीप)	11,035	26,780
	टांगा खाई	10,835	35,957
	कुराइल - कमचटका खाई	10,543	35,580
	फिलिपीन (मिंडानाओ) खाई	10,033	32,870
	करमोडक खाई	10,003	32,809
	जापान (इडजू- बोनिन) खाई	9,800	32,153
	उत्तरी सोलोमन खाई	9,162	19,987
	न्यू हेब्रीडीज खाई	9.038	29,643
	याप (पश्चिमी कैरोलीन) खाई	8,602	28,216
	पाल ओ खाई	8,142	26,707
	पीरी चिली खाई	8,057	26,427
	अलूशियन खाई	7,672	26,165
	नानसेशी शोटो (रयूक्य) खाई	7,512	24,638
	मध्य अमेरिका खाई	6,662	21,851
अटलांटिक			
	प्यूटोराइको खाई	9,392	30,184
	साउथ सैंडविच खाई	8,262	17,100
हिंद महासागर			
	सांडा खाई	7,252	24,442

इसी प्रकार पृथ्वी के कितने क्षेत्र को महाद्वीपीय शैल्फ, महाद्वीपीय ढलान, महाद्वीपीय उत्थान, वितल, जलमग्न पर्वत, खाइयाँ आदि घेरे हुए हैं, को सारणी 1.3 में तथा चित्र 1.8 में दर्शाया गया है।

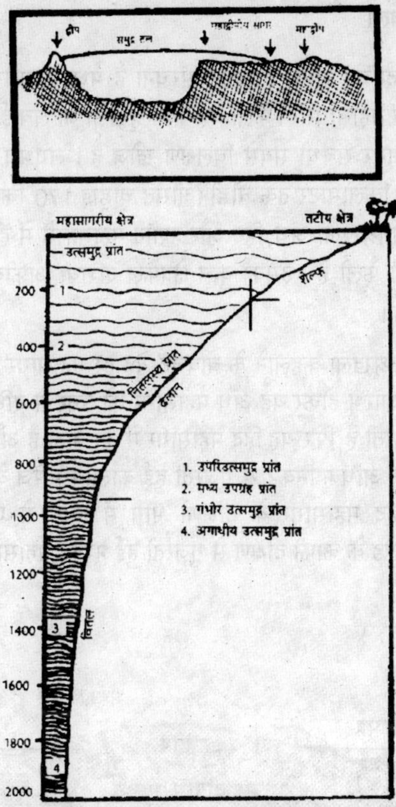

चित्र 1.8 समुद्री जल के वर्ग

सारणी 1.3. पृथ्वी का विभिन्न क्षेत्र वार विवरण

क्षेत्र	पृथ्वी का क्षेत्र (%)	सागर का क्षेत्र (%)	किस क्षेत्र में सागर का कितना पानी (%)	औसत ढलान	औसत चौडाई (कि.मी.)
महाद्वीपीय शैल्फ	6	9	0.2	0.1°	75
महाद्वीपीय ढलान	4	6	3	4.3°	50
महाद्वीपीय उत्थान	4	5	5	0.2°	40
महासागरीय बेसिन	30	42	53	–	–
जलमग्न पर्वत	23	33	33	0.2°	1,700
जलमग्न खाइयां	1	2	4	3.0°	100
जलमग्न ज्वालामुखी	2	3	2	–	–

सागर तली की पर्वत श्रृंखला

सागर तली की कदाचित् सबसे विलक्षण संरचना है मध्य सागरीय पर्वत श्रृंखला (मिड ओशिओनिक रिज)। सब महासागरों में फैली यह पर्वत श्रृंखला जो लंबाई में पृथ्वी की परिधि से भी अधिक है, वस्तुतः सागर संबंधी सबसे विलक्षण खोज है। लगभग 75,600 किलोमीटर लंबी और 100 से 400 किलोमीटर तक चौड़ी (औसत चौड़ाई 170 किलोमीटर) और 1 से 3 किलोमीटर ऊंची यह पर्वतश्रृंखला अंध, हिंद और प्रशांत महासागरों में ही नहीं, आर्कटिक और अंटार्कटिक सागरों में भी फैली है। इसका कुल क्षेत्रफल एशिया, अफ्रीका एवं यूरोप के कुल क्षेत्रफलों से भी अधिक है।

मध्य सागरीय पर्वतश्रृंखला कहलाने के बावजूद यह हर महासागर के मध्य में स्थित नहीं है। आर्कटिक सागर से आरंभ होकर यह अंध महासागर को उत्तर से दक्षिण दिशा में, यूरोप के लगभग समानांतर पार करती है, फिर यह हिंद महासागर में आ जाती है और उसके मध्य भाग के बजाय अफ्रीका के तट के अधिक निकट से गुजरती हुई काल्सबर्ग रिज के रूप में सेशल्स द्वीप तक पहुंच जाती है। हिंद महासागर के दक्षिणी भाग में इसमें से एक शाखा निकलकर आस्ट्रेलिया और न्यूजीलैण्ड के काफी दक्षिण से गुजरती हुई प्रशांत महासागर में जा पहुँचती है।

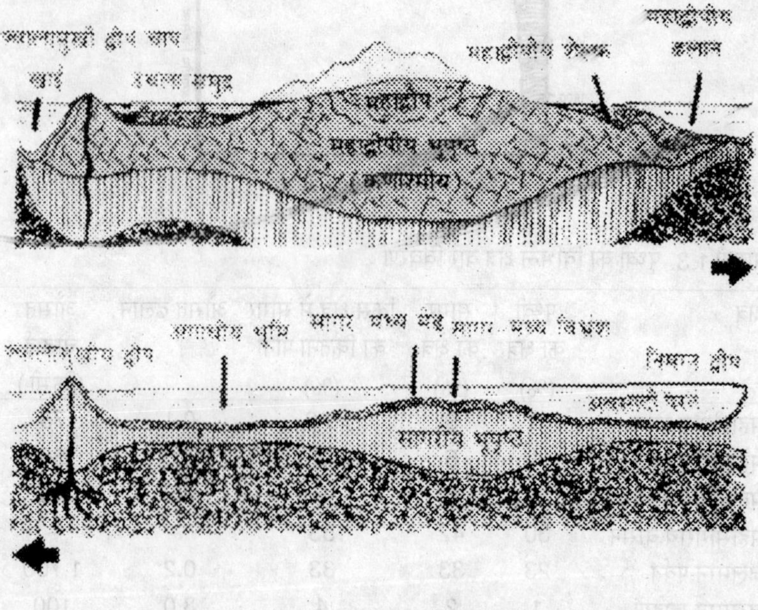

चित्र 1.9 सागर के मध्य की पहाड़ी मेढ़ें कॉन्टीनेंटल शेल्फ

प्रशांत महासागर में यह मध्य भाग में से न गुजरकर पूर्वी भाग से होती हुई उत्तर की ओर बढ़ती है। यद्यपि यह दक्षिणी अमेरिका के तट से बहुत दूर से गुजरती हैं परन्तु उत्तर अमेरिका के निकट पहुंचकर एकदम कैलिफोर्निया के तट को छूने लगती है। यहां पहुँचकर वह काफी नीची हो जाती है। वैसे प्रशांत महासागर में से इसकी एक शाखा अंटार्कटिक सागर में भी जाती है।

मध्य महासागरीय पर्वत श्रृंखला का पता सबसे पहले चैलेंजर पोत ने वर्ष 1873 में लगाया था। चैलेंजर ने इसके उस भाग को ढूंढा था जो उत्तरी अंध महासागर में स्थित है और मध्य अंध महासागरीय पर्वत श्रृंखला (मिड अटलांटिक रिज) कहलाता हैं। उसके बाद अंतरराष्ट्रीय भू-भौतिक वर्ष के दौरान इस श्रृंखला के विस्तृत अध्ययन किये गये। हिंद महासागर में स्थित इसका भाग "मध्य हिंद महासागरीय पर्वत श्रृंखला" के नाम से प्रसिद्ध है पर प्रशांत महासागर में यह "पूर्व प्रशांत महासागरीय उत्थान" (ईस्ट पैसेफिक राइज) कहलाती है। समुद्रतल, सागर के मध्य की पहाड़ी मेढ़ों को चित्र 1.9 में दर्शाया गया है।

इस पर्वत श्रृंखला के बारे में एक अत्यन्त विचित्र बात यह है कि इसके ऊपरी भाग में दरारें हैं। इन दरारों की चौड़ाई 13 से 48 किलोमीटर तक है, अनेक स्थानों में ये दरारें बहुत लंबी हैं और लगभग 1.5 किलोमीटर तक गहरी हैं, इन्हें मध्य महासागरीय दरार कहते हैं। मध्य अंध महासागरीय पर्वत श्रृंखला के उत्तरी भाग में तो ऐसी दरारें पूरी लम्बाई में फैली हैं। वैज्ञानिकों का मत है कि इन दरारों में पृथ्वी के गर्भ-दुर्बलता मंडल (एस्थेनोस्फीयर) में से पिघला हुआ चट्टानी पदार्थ निकलता रहता है। यह चट्टानी पदार्थ बेसाल्टी प्रकार का होता है और दरारों में से, पर्वत श्रृंखला के दोनों तरफ रिसकर, सागर की तली का अंश बनाता रहता है। इस प्रकार मध्य सागरीय पर्वत श्रृंखला क्षेत्र में अब भी सागर की तली का निर्माण हो रहा है। सागर की तली के निरंतर फैलते रहने के फलस्वरूप यह पदार्थ कुछ सौ वर्षों में ही इस पर्वत श्रृंखला से बहुत दूर चला जाता है। हिंद महासागर के महाद्वीपीय शेल्फ को चित्र 1.10 में वर्णित किया गया है।

मध्य महासागरीय पर्वतश्रृंखला मुख्य रूप से क्षारीय बेसाल्टों अथवा उनसे उत्पन्न चट्टानों से बनी है। इनमें आमतौर से ओलीवाइन खनिज की अधिकता है। मध्य अंध महासागरीय पर्वतश्रृंखला के उत्तरी अंश में मुख्य रूप से सर्पेन्टाइन गैनों तथा बारीक दानों वाली बेसाल्टी चट्टानें हैं। मध्य हिंद महासागरीय श्रृंखला और पूर्व प्रशांत महासागरीय उत्थान के जलमग्न भागों में मुख्य रूप से अल्प-पोटैशियम थोलेआइट चट्टानें हैं, जबकि श्रृंखलाओं के शिखर क्षारीय बेसाल्ट चट्टानों से बने हैं।

मध्य महासागरीय पर्वतश्रृंखला के अनेक भागों में भूकंपीय पट्टियाँ स्थित हैं। इनमें स्थित हैं भूकंपों के केन्द्र। वैसे इस श्रृंखला में अनेक विभंग हैं जो जगह-जगह इसे चौड़ाई के बल काटते हैं।

वर्ष 1970 के दशक में इस पर्वत श्रृंखला के विस्तृत अध्ययन किए गए। इनमें अमेरिका की पनडुब्बी एल्विन ने विशेष योगदान दिया। एल्विन टाइटेनियम मिश्र धातु से बनी पनडुब्बी है जो सब आधुनिक उपकरणों से लैस हैं। इसमें सागर की तली के नमूने एकत्रित करने वाले

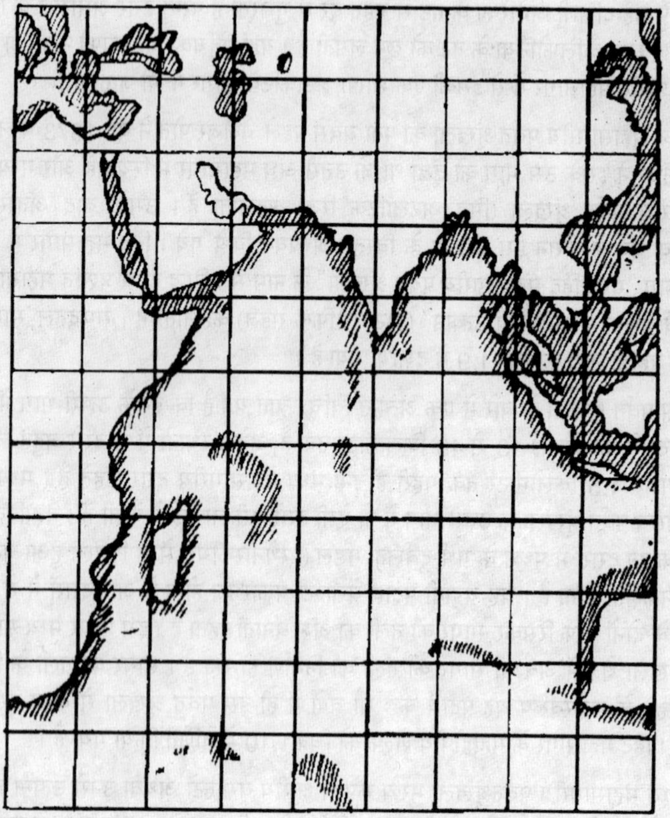

चित्र 1.10 हिन्द महासागर के महाद्वीपीय शेल्फ

सुदूर-नियंत्रित (Remote Control) यंत्र हैं। इन यंत्रों से पर्वत श्रृंखला के लगभग तीन किलोमीटर गहरे (जलमग्न) भागों में प्रयोग किये गये। इनमें पाया गया कि इन स्थलों पर सागर की तली में से पिघली बेसाल्टी चट्टानें ऐसे निकलती हैं जैसे ट्यूब में से पेस्ट। पानी के बहुत अधिक दबाव - दो टन प्रति वर्ग इंच जैसे दबाव - के नीचे ये चट्टाने काली चमकदार तकिए जैसी आकृतियों में बदल जाती है। इन आकृतियों की आयु मात्र कुछ सौ वर्ष ही पाई जाती है।

इन पर्वत श्रृंखलाओं के अलावा भी सागर में अनेक छोटे-छोटे पहाड़ हैं। यद्यपि ये पानी में डूबे हुए हैं, परन्तु इनकी अनेक चोटियों की ऊँचाई तली से लेकर शिखर तक कई हजार मीटर है। समुद्र के गर्भ से ये पर्वत कैसे बने, इस बारे में कुछ वैज्ञानिकों का मत है कि पृथ्वी का ऊपरी भाग ठोस होते हुए भी गाढ़े तरल की भाँति व्यवहार करता है। उसमें पड़ी सिकुड़ने ही पर्वत श्रेणियाँ हैं (चित्र 1.11)।

चित्र 1.11 समुद्र में स्थित पहाड़ों की चोटियाँ एवं पठार

परिवर्तनशील सीमाएँ

यह प्रमाणित हो चुका है कि सागरों की सीमाएँ अक्सर बदलती रहती है। साथ ही उनमें भरे पानी की मात्रा भी घटती-बढ़ती रहती है। समझा जाता है कि अपने जीवनकाल में सागरों में जल की सतह अनेक बार, 120 से लेकर 150 मीटर तक नीचे चली गई थी और वह फिर, कुछ हजार या लाख वर्षों बाद, पुनः उतनी ही हो गई। जब सतह नीचे गिरती है, तब महाद्वीपीय शैल्फ सूखे थल में परिनर्तित हो जाते हैं।

अब प्रश्न उठता है कि सागरों का इतना पानी यानी कुल पानी का 5 प्रतिशत कहाँ चला जाता है। पृथ्वी की जलवायु के ताप में एकाएक गिरावट आ जाने से यह पानी बर्फ में बदल जाता है। उससे पृथ्वी के बड़े भू- भाग, विशेषतः ध्रुवों के निकटतर भाग, अत्यन्त विशाल हिमनदों से आच्छादित हो जाते हैं। हिमयुगों के बीत जाने के बाद ये हिमनद पिघलकर पुनः पानी बन जाते हैं। निश्चय ही पृथ्वी पर अनेक बार हिमयुग आए हैं और भविष्य में भी आते रहेंगे। यहाँ यह स्पष्ट करना भी उचित होगा कि बड़ी-बड़ी नदियों के मिलने से अथवा अत्यधिक वाष्पीकरण से भी सागरों का जलस्तर घटता-बढ़ता रहता है। उन सागरों का, जिनमें बड़ी-बड़ी नदियाँ गिरती हैं या जिन पर भारी मात्रा में वर्षा होती है (बंगाल की खाड़ी), जलस्तर वर्षा ऋतु में ऊंचा उठ जाता है, यद्यपि यह उठान कुछ सेंटीमीटर तक ही सीमित रहता है। साथ ही उस समय

इन सागरों के पानी की लवणता भी कम हो जाती है। इसके विपरीत अत्यधिक वाष्पीकरण से समुद्री जल की लवणता बढ़ जाती है और स्तर घट जाता है।

समझा जाता है कि प्रतिवर्ष जितना पानी वाष्पित होता है, उससे सागर की सतह औसतन 0.97 मीटर नीचे चली जाती है। प्रतिवर्ष लगभग 360×10^{18} घन सेंटीमीटर पानी वाष्पित होता है, परन्तु इसकी पूरी मात्रा वर्षा और नदियों के पानी के रूप में पुनः सागरों में आ मिलती है।

हमारे देश के पश्चिमी तट पर, विशेषकर कच्च की खाड़ी के पास, ज्वालामुखी अवतलन तथा उसके बाद जलोढ़न एवं पुरः क्रमण के कारण जलमग्नता की घटनाएँ हुई हैं। कैंबे की खाड़ी लगातार दलदली पुरः क्रमण का क्षेत्र है तथा नर्मदा, तापी एवं उल्हास के ज्वारनदमुखों के मध्य एवं आगे दक्षिण में बड़ी मात्रा में अवसाद विसर्जन होता है, जो आंशिक रूप से तटीय मैदान में अवनालिका अपरदन से उत्पन्न है। नर्मदा के मुहाने पर द्वीपों में सिल्ट तथा मिट्टी की क्रमिक अभिवृद्धि प्रेक्षित की गई है। गोवा में बागले ने निष्कर्ष निंकाला है कि तट रेखा पुलिनों (बालुका तटों) के समांतर पुरः क्रमित हो रही थी, जबकि भृगुओं और अंतरीपों के समांतर पीछे हट रही थी। परन्तु रेतीले केरल तट पर विभिन्न भागों में सतत् प्रतिसरण होता रहा है। इससे यह प्रतीत होता है कि कुछ संरक्षात्मक उपाय स्वयं ही दूसरे क्षेत्रों में अपरदन फैलाने के लिये उत्तरदायी हैं।

यह प्रेक्षित किया गया है कि अवतलन, बढ़ता समुद्र जल स्तर, तूफान और तूफान महोर्मियाँ नदियों से अवसाद निवेश, अवसाद पुनर्वितरण तथा तटों के समांतर कृत्रिम संरचनाएं तट रेखा में रूपात्मक परिवर्तन के लिए कुछ प्रमुख कारक है।

जलधाराएँ

हिंद महासागर में भूमध्य रेखा के निकटवर्ती क्षेत्रों में वर्ष भर गरमी पड़ती है, इसलिए उन क्षेत्रों का पानी गर्म होकर ठंडे सागरों की ओर बहने लगता है और जल धाराएँ उत्पन्न होती हैं। वैसै जल धाराओं को जन्म देने और उनका मार्ग संशोधन करने में विभिन्न स्तरों के पानी के घनत्वों में अंतर, पृथ्वी का घूमना, वाष्पन और पवनें भी योगदान देती हैं। पवनें जल धाराओं के वेग को तेज कर देती हैं, और उनकी दिशा में संशोधन कर देती हैं। जब धारा गरम समुद्र से चलती है तो "गरम जल धारा" कहलाती है।

गरम जलधाराओं के रूप में भूमध्य रेखा के आसपास के सागरों से पानी की बहुत बड़ी मात्रा उत्तर और दक्षिण की ओर बहती हैं, ये धाराएँ अनेक कारणों से ध्रुवों तक नहीं पहुंच पाती। यदि इस पानी की निरंतर पूर्ति न होती रहे तो भूमध्य रेखा के आसपास सागर खाली हो जाएँ। इस पानी की पूर्ति के लिये ठंडे सागरों से पानी भूमध्यरेखा की ओर बहता हैं। इस पानी का ताप काफी कम होता है, अतएव इस पानी की धारा "ठंडी जल धारा" कहलाती है।

विगत वर्षों में वैज्ञानिकों ने यह प्रेक्षित किया कि हर जलधारा के नीचे चाहे वह गरम हो या ठंडी, लगभग उतनी ही बड़ी एक धारा, विपरीत दिशा में बहती है। गहरे समुद्र में बहने वाली ये धाराएँ आमतौर से "प्रतिकूल धाराएँ" (Counter current) कहलाती है।

हिंद महासागर में गरम और ठंडी, दोनों प्रकार की, जल धाराएँ हैं। साथ ही उनकी प्रतिकूल धाराएं भी हैं, परन्तु अन्य महासागरों की तुलना में ये कुछ असामान्य हैं। मानसून पवनों के कारण उनके बहने की दिशाएं बदलती रहती हैं। हिंद महासागर में भूमध्यरेखा के निकटवर्ती क्षेत्रों से एक जलधारा उत्पन्न होकर पश्चिम की ओर बहती है, इसे "दक्षिण भूमध्यरैखिक धारा" कहते हैं। यह धारा मेडागास्कर द्वीप के निकट दो भागों में बंट जाती है। एक शाखा "सोमाली धारा" के नाम से उत्तर की ओर तथा दूसरी "मोजांबिक धारा" के नाम से दक्षिण की ओर बहने लगती है। ये गरम जल धाराएं हैं। इनके बहने से इस क्षेत्र के पानी में कमी आ जाती है, इसलिए दक्षिण से एक जलधारा अफ्रीका के दक्षिण-पूर्वी तट के सहारे-सहारे उत्तर की ओर आती है, इसे 'एगुलहास जलधारा" का नाम दिया गया है। यह जलधारा ठंडी जलधारा है। इसी प्रकार की एक ठंडी जलधारा आस्ट्रेलिया के पश्चिमी तट के निकट से उत्तर की ओर जाती है। दक्षिणी गोलार्ध के लगभग 10° दक्षिण अक्षांश के नीचे के क्षेत्र में जलधाराओं पर मानसून पवनों के स्थान पर व्यापारी पवनों के प्रभाव पड़ते हैं और 40° दक्षिण अक्षांश के नीचे पश्चिमी पवनों के प्रभाव पड़ते हैं।

शायद सोमाली धारा हिंद महासागर की सबसे विचित्र जलधारा है। केन्या तथा सोमाली के तटों के साथ-साथ उत्तर की ओर बहने वाली यह जलधारा विश्व की सबसे तेज बहने वाली धारा है। इसकी गति 6 से 7 नॉट (नॉटिकल मील - 1 नॉट = 1.85 किलोमीटर) है। इसमें पानी की मात्रा भी बहुत अधिक हैं। इससे सतह के पानी की मात्रा में जो कमी आ जाती है उसे पूरी करने के लिये तली का ठंडा पानी हमेशा ऊपर उठता रहता है। उसके साथ उसमें घुले पोषक पदार्थ भी जल्दी-जल्दी ऊपर आते रहते हैं, इसीलिए इस क्षेत्र में बहुत अधिक संख्या में जीव-जंतु पाए जाते हैं।

सोमाली जलधारा मौसम वैज्ञानिकों के लिये भी अत्यन्त महत्वपूर्ण है। शीतकाल में इसके बहने की दिशा बदल जाती हैं, उस समय यह उत्तर की बजाय दक्षिण की ओर बहने लगती है। इसके अरब सागर में मिलने से उसके पानी के ताप में कमी आ जाती है तथा वह 28° सें से घटकर 25° सें. हो जाता है। उससे लगभग एक माह बाद अरब सागर में मानसून पवनें बहनी आरंभ हो जाती हैं। वस्तुतः सागर के पानी का हर कण चलता ही रहता है। वह कभी भी स्थिर नहीं रहता। वह हर जगह और हर गहराई पर चलता है। अंटार्कटिक सागर की तली का अत्यधिक ठंडा पानी भूमध्यरेखा की ओर बढ़ता है और भूमध्यरेखा से पानी चारों ओर फैलता है।

अध्याय - 2

सागर का रोचक विज्ञान

विष्णु पुराण के अनुसार सात द्वीप सात समुद्रों से घिरे हैं तथा सभी समुद्रों में सदैव बराबर मात्रा में जल रहता है। उनमें वृद्धि और कमी नहीं होती है। ये सात समुद्र हैं - लवण, इक्षु, मदिरा, घृत, दधि, दुग्ध, तथा मीठे जल के समुद्र, परन्तु आज ये नाम प्रचलित नहीं है। भूगोलविज्ञों के अनुसार चार महासागर - प्रशांत (पैसिफिक), अटलांटिक, हिंद तथा आर्कटिक, स्वीकृत हैं।

महासागरों में सागर, उपसागर, खाड़ियाँ तथा उनसे संलग्न महासागरीय प्रवेश द्वार भी सम्मिलित हैं। ये हैं - भूमध्य सागर, बेरिंग सागर, ओखटस्क सागर, जापान सागर, पूर्वी चीन सागर, मलय सागर तथा कैस्पियन सागर आदि। कैस्पियन सागर एक विशाल झील है। यदि हम दूसरी दृष्टि से देखें तो विदित होगा कि यद्यपि महासागरों की संख्या चार गिनाई गई है, तथापि सागरों की संख्या सात ही है। विख्यात सात समुद्रों की संख्या चार महासागरों में प्रथम तीन महासागरों को भूमध्य रेखा के साथ-साथ उत्तर और दक्षिण में विभाजित करने और उनमें आर्कटिक को जोड़ने से बनती है। इस प्रकार उत्तरी प्रशांत, दक्षिणी प्रशांत, उत्तरी अटलांटिक, दक्षिणी अटलांटिक, उत्तरी व दक्षिणी हिंद तथा आर्कटिक - ये सात सागर है।

नदियों, तालाबों को छोड़कर अन्य सागर (Sea) के अंतर्गत समस्त प्रकार के जलागार या जलराशियों आती हैं। वस्तुतः 'महा' शब्द विशालता का सूचक है, अतः महासागर (Oceans) विशाल सागरों के लिये प्रयुक्त होता है। ऐसे सागर मात्र चार हैं। अतः सामान्य रूप से सागर या समुद्र के अंतर्गत महासागर भी आ जाते हैं। जैसा कि वर्णित किया जा चुका है सागर अपने आप में विलक्षण हैं तथा इसका विज्ञान भी रोचकता से परिपूर्ण है। तो आइए, इसके विभिन्न तथ्यों की रोचकता को जानें।

(i) समुद्र की गहराई

उन्नीसवीं सदी के आरंभ तक एक मजबूत रस्से में वजन लटकाकर समुद्र की गहराई मापी जाती थी। बाद में रस्से का स्थान तार ने ले लिया। इस विधि से गहराई का सही अंदाज नहीं लगता था, क्योंकि कई बार तली के जल प्रवाहों के कारण यह पता ही चल पाता था कि वजन

तली पर टिक गया या नहीं। इस स्थिति में जहाजवाले प्रायः तार छोड़ते ही जाते थे। दूसरी बात यह है कि इसमें देर बहुत लगती थी।

• आजकल समुद्र की गहराई का पता लगाने के लिये ध्वनि तरंगों का प्रयोग किया जाता है। इसमें पानी के जहाज के ऊपर एक यंत्र लगा दिया जाता है, जो पराश्रव्य ध्वनि तरंगें पैदा करता है। इस यंत्र को कैथोमीटर कहते हैं। 20,000 हट्‌र्ज से अधिक आवृत्ति या कंपन की तरंगों को पराश्रव्य ध्वनि तरंगें कहते हैं। वस्तुतः ये तरंगें भी ध्वनि तरंगे ही हैं, मात्र इनकी आवृत्ति अधिक होती है। इनको कान से नहीं सुना जा सकता। इन तरंगों को समुद्र के अन्दर भेजा जाता है, जो समुद्र की तलहटी से टकराकर परिवर्तित हो जाती हैं। परावर्तित तरंगों को प्राप्त करके उनके जाने और लौटकर आने में लगे समय को आधा कर लेते हैं। इस समय को समुद्र के पानी के वेग के मान से गुणा करके समुद्र की गहराई का पता लगा लिया जाता है। ध्वनि पानी में 1,460 मीटर प्रति सैकंड की गति से चलती है। प्रशांत महासागर विश्व में सबसे गहरा महासागर है। महासागर की औसत गहराई 3,790 मीटर आंकी गई है जो कि समुद्र तल से पृथ्वी की औसत ऊँचाई से बहुत अधिक हैं। पृथ्वी की औसत ऊँचाई 840 मीटर है। वायुमंडल एवं समुद्र अभिन्न रूप से एक दूसरे से जुड़े हैं। गहराई की दृष्टि से दूसरा स्थान हिंद महासागर का तथा तीसरा स्थान अंध महासागर का है। विभिन्न महासागरों की गहराई को सारणी 2.1 में वर्णित किया गया है।

सारणी 2.1. महासागरों की गहराई

महासागर	औसत गहराई (मीटर)
अटलांटिक महासागर	3,920
प्रशांत महासागर	4,280
हिंद महासागर	3,950
उत्तरी ध्रुव महारागर	1,200
दक्षिणी ध्रुव महासागर	3.701

समुद्री गहराई की ध्वनि मापन तकनीकें : महत्वपूर्ण तिथियाँ

1490 लियोनार्दो दा विंसी द्वारा जल के भीतर ध्वनि का वैज्ञानिक विश्लेषण एवं विवेचन किया गया।

1827 स्विस भौतिक विज्ञानी डेनियल कोलाडन और फ्रांसिसी गणितज्ञ चार्ल्स स्टर्न ने पानी के भीतर ध्वनि का परिणामात्मक विश्लेषण किया।

1914 साउंड नेविगेशन एंड रेंजिंग (SONAR) का प्रथम बार फेसेन्डेन द्वारा अमेरिका में प्रदर्शन किया गया।

1918-1939	विश्व युद्ध के दौरान सोनार तकनीकी का विकास हुआ।
1948	पैकरिस द्वारा समुद्र में ध्वनि संचार का नया सामान्य सिद्धान्त प्रस्तुत किया गया।

(ii) प्राचीनता

महासागरों में सबसे बड़ा तथा सबसे प्राचीन प्रशांत महासागर है। अनुमान है कि पृथ्वी से चन्द्रमा के जन्म के साथ ही जो गड्ढा बना वही प्रशांत महासागर था। यह महासागर पृथ्वी के क्षेत्रफल के 35.25 भाग पर फैला हुआ है तथा इसकी सर्वाधिक चौड़ाई 16, 880 किलोमीटर और सर्वाधिक गहराई 11,516 मीटर (मिंडानाओ डीप) हैं। इसमें द्वीपों का सर्वाधिक संगुटीकरण है, जो मोटे तौर पर तीन समूहों में विद्यमान है - माइक्रोनेशिया, मेलानेशिया और पॉलीनेशिया।

अटलांटिक दूसरा सबसे बड़ा महासागर है जो पृथ्वी के क्षेत्रफल के 20.9% भाग को घेरे हुए हैं। इसकी सर्वाधिक गहराई 8,381 फीट (मिलवाकी डीप) है।

हिंद महासागर तीसरा सबसे बड़ा महासागर है। यह भारत में कन्याकुमारी से दक्षिणी ध्रुव अंटार्कटिका तक फैला हुआ है। यह पृथ्वी के कुल धरातल क्षेत्र के 14.65 प्रतिशत भाग में है। इसकी सर्वाधिक गहराई 7,725 मीटर (प्लेनेट डीप) है।

कई विद्वान आर्कटिक को सही रूप में महासागर नहीं मानते क्योंकि इसमें जलपोत नहीं चल सकते हैं। यह उत्तरी ध्रुव के चारों ओर फैला है और शीतकाल में पूर्णतया बर्फ से जमा हुआ रहता है और वर्ष के शेषभाग में अपने ही हिम से आच्छादित रहता है। फिर भी, इसका पृथक अस्तित्व और 1,30,00,000 वर्ग किलोमीटर से अधिक का इसका क्षेत्रफल इसे महासागर कहने के लिये बाध्य करता है।

(iii) समुद्र एवं मानव सभ्यता

ऐसा विश्वास किया जाता है कि प्रारंभिक काल में सभी जीवों का मूल निवास महासागर ही था - मात्र समुद्री जीवों का ही नहीं, वरन् आज स्थल पर निवास करने वाले जानवरों का भी। एक लाख चालीस हजार किस्म के प्राणी महासागरों में रहते हैं और प्रत्येक वर्ष एक हजार नई किस्मों का अन्वेषण होता है। समुद्र मानव जाति के भोजन, संपदा और अस्तित्व का आधार रहा है। मानव की समुद्री भोजन पर निर्भरता, जलयान बनाने की क्षमता, समुद्र में जहाज चलाने की योग्यता के साथ-साथ अंतरराष्ट्रीय व्यापार-वाणिज्य और सैन्य शक्ति के विकास में भी समुद्री मार्गों की भूमिका निरंतर बढ़ती गई है। सुदूर क्षेत्रों की खोज तथा खनिज व जैविक ऊर्जा संबंधी एवं अन्य प्राकृतिक संसाधनों की तलाश ने मानव को अपना ध्यान समुद्र पर केंद्रित करने को निरंतर प्रेरित किया है। मौसम को प्रभावित करने वाले सागरों की गतिशीलता के अध्ययन ने

मौसम की विश्वसनीय दीर्घकालिक भविष्यवाणी करने की वैज्ञानिक और तकनीकी क्षमताएं हमें प्रदान की हैं। इनके लिये सागर में होने वाले ऊष्मा-गतिकीय परिवर्तनों का निरीक्षण-प्रेक्षण किया जाता है।

(iv) **मृत सागर** (Dead Sea)

मृत सागर एक ऐसी झील है जो जॉर्डन तथा इज़रायल के मध्य स्थित है। यह लगभग 80 कि.मी. लंबी तथा 5 से 20 कि.मी. चौड़ी है। समुद्रतल से ऊंची होने के बजाय यह समुद्रतल से लगभग 400 मीटर नीची है। ऐसी मान्यता है कि यह कभी समुद्र की सतह से लगभग 430 मीटर ऊँची थी। तब इसमें जीव-जन्तु प्रवास करते थे; परंतु आज इसमें कोई भी जीव जंतु नहीं रहता है। इससे कोई नदी निकलने के बजाय इसमें जॉर्डन नदी तथा अनेक नाले आकर मिलते हैं और वे घुलनशील नमक की मात्रा अपने साथ लाकर बढ़ाते हैं।

मृतसागर या डेड सी अपनी कुछ अनोखी खूबियों की वजह से दुनियाभर में जाना जाता है। इन खूबियों की बदौलत मृत सागर अपने नाम के विपरीत सजीव सा जान पड़ता है। समुद्र तल से 400 मीटर नीचे स्थित डेड सी दुनिया के सबसे निचली स्थानों में से एक है। इसका पानी दूसरे समुद्रों की तुलना में लगभग दस गुना ज्यादा खारा है। डेड सी का केवल पानी ही खारा नहीं है, बल्कि इसके आसपास का वातावरण भी अलग है। यहां पर वायुमंडलीय दाब इतना अधिक है कि सूर्य की हानिकारक पराबैंगनी किरणें भी पूरी तरह छनकर ही आ पाती हैं। दूसरे समुद्रतटीय क्षेत्रों की अपेक्षा यहां प्राणवायु ऑक्सीजन भी ज्यादा मात्रा में उपलब्ध रहती है। पानी के खारे होने के कारण इसमें मछलियां जीवित नहीं रह पाती है। चारों ओर से चट्टानों से घिरे होने के कारण इसका पानी बहकर कहीं और नहीं जा पाता, बल्कि सालभर चमकते सूर्य की गर्मी से गर्म होकर वायुमंडल में समाता रहता है। डेड सी के पानी में नमक के अलावा कई प्रकार के उपयोगी खनिज पदार्थ पाए जाते हैं। इसके एक लीटर पानी में औसतन 320 ग्राम नमक और अन्य खनिज पदार्थ पाए जाते हैं। यहीं कारण है कि इसका पानी और आसपास की मिट्टी दोनों औषधीय गुणों से भरपूर है।

डेड सी के आसपास का क्षेत्र एक पर्यटन स्थल के रूप में भी दुनियाभर में जाना जाता है। यहां प्रकृति के कई सुंदर नजारे पर्यटकों को अपनी ओर आकर्षित करते हैं, लेकिन सबसे ज्यादा पर्यटक को अपनी और आकर्षित करते हैं, लेकिन सबसे ज्यादा पर्यटक तो डेड सी के पानी में नहाने आते हैं। यहाँ पास में कई पांच सितारा होटल ऐसे है जो अपने यहां के स्वीमिंग पुल में डेड सी का पानी उपलब्ध कराते हैं। साथ ही वे डेड सी की खनिज पदार्थों से भरपूर मिट्टी भी पर्यटकों को देते हैं, जिसे वे अपने पूरे शरीर पर लगाकर घंटों धूप में लगाए रहते हैं। इससे उनकी कई शारीरिक समस्याएं दूर हो जाती है। डेड सी के पानी में कई स्वास्थ्यवर्धक गुण है। इस बात को वैज्ञानिकों द्वारा भी प्रमाणित किया जा चुका है। यहां की अनुकूल जलवायु और खनिज पदार्थों से युक्त मिट्टी के संपर्क में आकर अब तक हजारों लोग तरह तरह की बीमारियों से निजात पा चुके

हैं। दुनिया भर के कोने-कोने से लोग यहां स्वास्थ्य लाभ लेने और तनावमुक्त होने के लिए आते हैं और तरोताजा होकर लौटते हैं। डेड सी के पानी की एक और विशेषता यह है कि इसमें तैरने वाले लोग कभी डुबते नहीं है, बल्कि ऊपर ही तैरते रहते हैं। इसका कारण इसके जल में लवण और हाइड्रोजन सल्फाइड का बहुत अधिक होना है। समुद्र तल से बहुत नीचे स्थित होने के कारण यहां तक सूर्य की घातक पराबैंगनी किरणें नहीं पहुंच पाती। इस कारण यह स्थान सनलाइट थैरेपी या सूर्य किरण चिकित्सा के लिए सबसे उपयुक्त है। यहां पर चर्म रोगों, घुटनों संबंधी तकलीफों और बदन के किसी भी दर्द से परेशान लोग बड़े इत्मीनान के साथ चार से छह घंटे खुली धूप में लेटकर बिता सकते हैं। यहां की मिट्टी को शरीर में लपेटकर धूप का सेवन करने वाले इस तरह की सभी समस्याओं से छुटकारा पा जाते हैं।

सल्फाइड यौगिकों एवं कई तरह के खनिजों से समृद्ध यहां की मिट्टी सूर्य की गरमी को रोककर रखती है और अपने औषधीय गुणों से कुछ ही दिनों में चर्म रोगों और घुटने के दर्द से पीडित लोगों को ठीक कर देती है। डेड सी का कम वर्षा वाला गर्म आर्द्र तापमान जोड़ों के दर्द के इलाज के लिए विशेष उपयोगी है।

सामान्यतया अन्य समुद्रों में नमक की मात्रा सर्वाधिक (25% के लगभग) है। इसके अतिरिक्त इसमें साधारण लवणों के अलावा जहरीले पदार्थ भी पाए जाते हैं। जिसके परिणामस्वरूप समुद्र के पानी को तो चखकर जाना जा सकता है, परन्तु इसे चखा भी नहीं जा सकता है, क्योंकि इसे चखते ही खारेपन के स्वाद के साथ चखने वाला अस्वस्थ हो जाता है।

अतः इस सागर के पानी में कोई जीव-जंतु नहीं रह पाता है। जॉर्डन नदी व अन्य नालों के साथ आनेवाले जीव व अन्य समुद्री जीव इस सागर में प्रवेश करने पर मर जाते हैं। यही कारण है कि इसे 'मृत सागर' या Dead Sea कहा जाता है। मृत सागर में नमक की अधिकता से खारे जल का घनत्व बहुत अधिक है, अतः इसके जल में गिरनेवाला पशु या प्राणी कभी डूबता नहीं, तैरता रहता है।

(v) सागर का पानी नीला क्यों ?

वैसे तो पानी रंगहीन होता है, परन्तु सागर का पानी नीला होता है। विश्वप्रख्यात भारतीय भौतिकीविज्ञ सर सी.वी. रमन को सागर के नीलेपन ने आकृष्ट किया था, जिसके फलस्वरूप उन्होंने अपनी खोज की थी। सागर के पानी का प्रत्येक स्थान पर रंग एक सा नीला नहीं होता। गरम क्षेत्रों में वह गहरा नीला होता है तो ध्रुवीय प्रदेश में हलका नीला अथवा हरा। पानी के नीले रंग का कारण पानी द्वारा सूर्य के प्रकाश में विद्यमान विभिन्न रंगोंवाली किरणों को एक सी मात्रा में न सोख पाना है। पानी, सूर्य की किरणों में से लाल, पीले और हरे रंग को नीले रंग की अपेक्षा अधिक सोखता है। अथवा दूसरे शब्दों में, वह नीले रंग के प्रकाश को अधिक मात्रा में परिवर्तित करता है। गरम और ठंडे प्रदेशों के समुद्रों के पानी के रंगों में अंतर होने का कारण यह है कि गरम प्रदेशों में जलीय खाद्य पदार्थों (हरे रंग के सूक्ष्म पौधों और जंतुओं - प्लैंकटनों) की मात्रा कम होती है, जबकि ठंडे प्रदेशों में ये पानी में बहुत अधिक मात्रा में पाए जाते हैं।

(vi) महासागर-विशालकाय मौसम मशीन

महासागरों की ऊष्मा धारक क्षमता बहुत अधिक होती है। इसके कारण ये महान ऊष्मा भंडार का कार्य करते हैं। ये ग्रीष्मकाल की भीषण गरमी को तथा शीतकाल की अत्यधिक ठंड को कुछ कम करते हैं। पृथ्वी के धरातल पर पहुँचने वाले सूर्य ताप के एक चौथाई भाग का उपयोग महासागरीय जल के वाष्पीकरण में हो जाता है। प्रत्येक वर्ष लगभग 3,30,000 घन कि.मी. जल समुद्री जलवाष्प के रूप में वायुमंडल में पहुँचता हैं और वृष्टि के रूप में स्थल पर तथा समुद्र में वापस लौट आता है। अतः इस प्रकार 'सूर्य, वायुमंडल और जलमंडल मिलकर सम्मिलित रूप से एक विशालकाय "मौसम मशीन" का कार्य करते हैं। तीन प्रमुख सागरों के औसत वार्षिक ताप निम्नवत हैं-

प्रशांत महासागर	19.1°सेंटीग्रेड
हिंद महासागर	17.1°सेंटीग्रेड
अटलांटिक महासागर	16.9°सेंटीग्रेड

(vii) एक नया सागर

सागर में नहाने के शौकीन लोग जब पानी में डूबकी लगाते हैं तो उन्हें अनेक बार गरम पानी के नीचे एकदम ठंडा पानी मिल जाता है। दूसरे शब्दों में एक खास गहराई पर पानी का ताप एकदम काफी कम हो जाता है। इस गहराई को वैज्ञानिक "थर्मोक्लाइन" कहते हैं। ऐसा आभास होता है कि यहाँ से एक नया समुद्र शुरु हो रहा है। मछली पकड़ने वालों के लिये यह बहुत महत्वपूर्ण है क्योंकि अनेक प्रजातियों की मछलियाँ थर्मोक्लाइन के ऊपर गरम पानी में ही पाई जाती है।

ऐसा विदित होता है कि विभिन्न स्थानों के थर्मोक्लाइनों को जोड़ने वाली कल्पित रेखा के नीचे सागर इस प्रकार व्यवहार करता है मानो वह एक "स्वतंत्र सागर" हो और ऊपर के सागर से उसका कोई संबंध न हो। इस 'निचले सागरं" में भी लहरें उठती हैं जो गति में सतही लहरों से धीमी होती हैं। फिर भी वे बहुत दूर तक असर करती हैं। ये लहरें समुद्र के अधस्तल में धाराओं के बीच बाधा आ जाने से, ठंडे और गर्म जलों के मिलने से और शायद तेज हवाओं के चलने से भी उत्पन्न होती है।

समुद्र का लवणीय पानी जब बर्फ में बदलता है तो उसमें घुले लवण उससे अलग हो जाते हैं। मात्र पानी ही जमता है। इसीलिए बर्फ पिघलने पर ताजा पानी मिलता है। आजकल वैज्ञानिक लवणीय पानी को जमाकर (बर्फ बनाकर) शुद्ध करने की विधि अधिक पसंद करते हैं। यह विधि समुद्री पानी को भाप बनाकर फिर से पानी में बदलने के तरीके से सस्ती है।

(viii) समुद्र की साँसे - ज्वार भाटा

अंग्रेजी में एक कहावत है - Time and tide wait for nobody (समय और ज्वार किसी का भी इंतजार नहीं करते हैं। यह कहावत सटीक है। न तो समय किसी का इंतजार करता है और न ही ज्वार। समुद्र के तट पर बसने वाले लोग ज्वार भाटों से प्राचीनकाल में ही परिचित हो गये थे। वे जानते थे कि दिन में एक बार सागर के पानी की सतह काफी ऊँची उठ जाती है और एक बार काफी नीचे चली जाती है। पानी के इस घटने बढ़ने को देखकर लोग पहले कहते थे कि समुद्र साँस ले रहा है। परन्तु अब गुरूत्वाकर्षण बल के बारे में जानकारी हो जाने पर यह स्पष्ट हो गया कि पानी का उतार-चढ़ाव चन्द्रमा के गुरूत्वाकर्षण बल के कारण होता है। पृथ्वी पर सूर्य और चन्द्रमा के आकर्षण के प्रभाव को चित्र 2.1 में दर्शाया गया है।

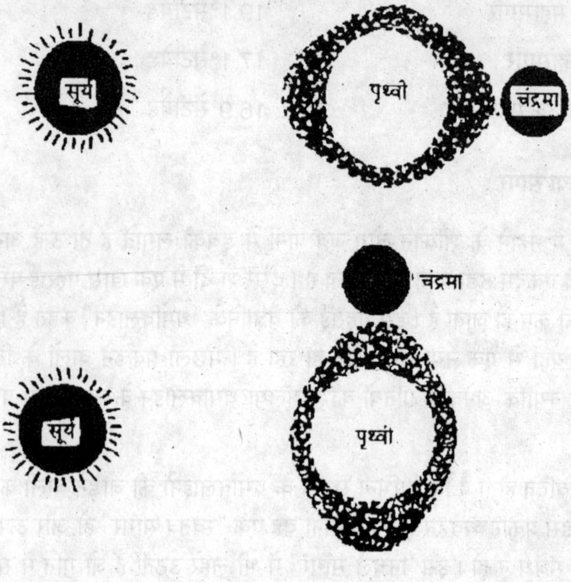

चित्र 2.1. पृथ्वी पर सूर्य व चन्द्रमा के आकर्षण का प्रभाव

चन्द्रमा और सूर्य दोनों ही पूरी पृथ्वी को अपनी ओर आकर्षित करने का प्रयत्न करते हैं। चन्द्रमा पृथ्वी को अपनी ओर आकर्षित करना चाहता है, जिसका प्रभाव थल तथा जल दोनों पर पड़ता है। थल (ठोस) के कणों में आपस में अधिक आकर्षण होनें के कारण उन पर चन्द्रमा के गुरूत्वाकर्षण का दृश्य प्रभाव नहीं पड़ता हैं, परन्तु जल के कणों के बीच पारस्परिक आकर्षण कम होता है, इसीलिए वह चन्द्रमा की ओर जाना चाहता है। परन्तु पृथ्वी अपनी वस्तु को कैसे छोड़ सकती है। वह भी उसे अपनी ओर आकर्षित करती है जिसके फलस्वरूप पानी ऊपर उठकर फिर नीचे आ जाता है। ये ही समुद्र में ज्वार भाटा के नाम से जाने जाते हैं।

सूर्य का गुरूत्वाकर्षण बल भी ज्वार- भाटों को उत्पन्न करने में सहायक होता है। अमावस्या और पूर्णिमा के दिन सूर्य, पृथ्वी और चन्द्रमा लगभग सीधी रेखा में आ जाते हैं, इसलिये उन दिनों में सूर्य व चन्द्रमा के गुरूत्वाकर्षण बल एक दूसरे का समर्थन करते हैं, फलतः उन दिनों सबसे ऊँचे ज्वार आते (चित्र 2.2) हैं। हर सप्तमी या अष्टमी को सूर्य और चन्द्रमा के गुरूत्वाकर्षण बल एक दूसरे को काटते हैं। इससे उन दिनों में सबसे नीचे ज्वार आते हैं। अंतरराष्ट्रीय भू-भौतिकी वर्ष के दौरान की गई खोजों के अनुसार ज्वार-भाटे पृथ्वी के अपनी धुरी पर घूमते समय लड़खड़ाने के कारण भी उत्पन्न होते हैं।

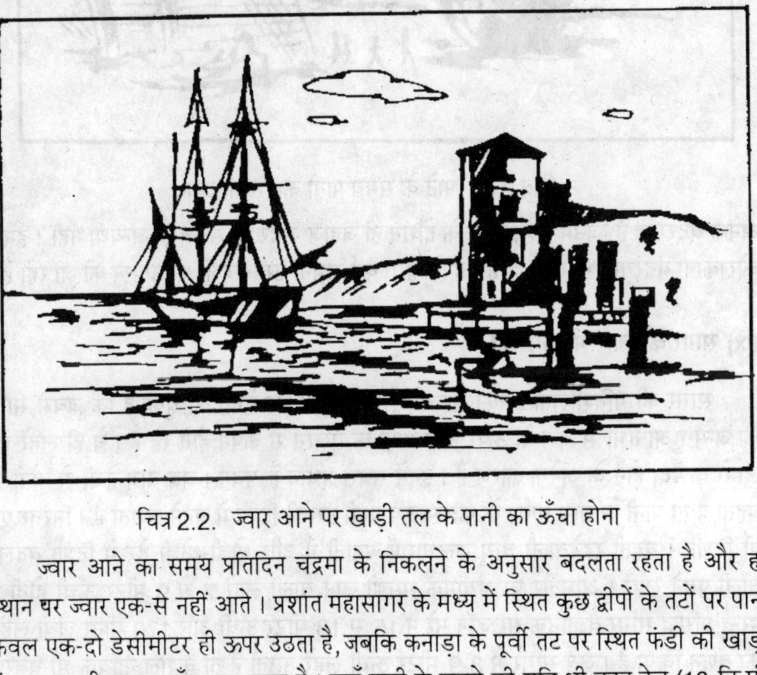

चित्र 2.2. ज्वार आने पर खाड़ी तल के पानी का ऊँचा होना

ज्वार आने का समय प्रतिदिन चंद्रमा के निकलने के अनुसार बदलता रहता है और हर स्थान पर ज्वार एक-से नहीं आते। प्रशांत महासागर के मध्य में स्थित कुछ द्वीपों के तटों पर पानी केवल एक-दो डेसीमीटर ही ऊपर उठता है, जबकि कनाड़ा के पूर्वी तट पर स्थित फंडी की खाड़ी में वह 20 मीटर तक ऊँचा उठ जाता है। वहाँ पानी के चढ़ने की गति भी बहुत तेज (13 कि.मी. प्रतिघंटा से भी अधिक) होती है।

ज्वार अनेक कारणों से प्रभावित होते हैं, इसलिए विभिन्न सागरों में भिन्न भिन्न प्रकार के ज्वार आते हैं। मोटे तौर पर उन्हें तीन वर्गों में बांटा जा सकता है - (i) दिन में दो बार आने वाले सम ज्वार (ii) दिन में दो बार आने वाले असमान ज्वार तथा (iii) दिन में केवल एक बार आने वाले ज्वार। भाटे के समय पानी का तल गिर जाता है और बालुकामय किनारा दिखने लगता (चित्र 2.3) है। अनेक स्थानों पर उच्च ज्वार के दौरान, नदियों में, मुख से अंदर की ओर, पानी की काफी ऊँची दीवार (पच्चीस फुट जैसी ऊँची) चलती जाती है। ज्वारीय भित्ति (टाइडल बोर) कहलाने वाली पानी की यह दीवार नौकाओं के लिये बहुत खतरनाक हो सकती है। विश्व में ऐसे

चित्र 2.3. भाटे के समय पानी का गिरता तल

अनेक बंदरगाह है जिनमें उच्च ज्वार के दौरान ही जहाज अंदर जा सकते हैं, अन्यथा नहीं। हमारा कोलकाता बंदरगाह भी ऐसा ही है। इनके द्वारा कई स्थानों पर बिजली भी उत्पन्न की जा रही है।

(ix) सागर की लहरें भी कम नहीं

सागर की गतिशीलता इसका महत्वपूर्ण लक्षण है। यह देखा जा चुका है कि जबसे सागर का जन्म हुआ तभी से जल के ऊपर से हवाओं के गुजरने से कंपन होते रहे हैं। ये ही लहरें हैं। लहरों के पैदा होने के अनेक कारण हैं। इनमें सबसे प्रधान है, पवन। जब वायु तेजी से पानी पर बहती है तो पानी के साथ घर्षण के फलस्वरूप पानी उसकी दिशा में बहने लगता है। निरंतर एक ही दिशा में बहती रहनेवाली वायु जलधाराएँ बनाती हैं और थोड़ी-थोड़ी देर में दिशा बदलने वाली पवने लहरें। आमतौर पर भयानक समझी जाने वाली लहरें 7 से 9 मीटर ऊँची होती है, परन्तु प्रसिद्ध सागर वैज्ञानिक सर जॉन मरे ने 15 से 18 मीटर ऊँची और 170 मीटर लंबी लहरों का वर्णन किया है। जब सागर में 8-9 मीटर ऊँची लहरें उठती हैं तो कुशल नाविक भी घबराने लगते हैं। परन्तु अमेरिकी नौसेना के टैंकर रंपो के कप्तान ने बीच प्रशांत महासागर में 7 फरवरी 1938 को ऐसी ही एक लहर देखी थी।

प्रायः दक्षिणी गोलार्ध में जल अधिक है और थल कम। अतः वहाँ, विशेषरूप से 40° और 60° अक्षांशों के बीच में सबसे ऊँची लहरें उठती हैं तथा यहाँ पश्चिमी पवनें भी बहुत तेजी से बहती हैं। सागर की सामान्य लहरों में बहुत शक्ति होती है।

यदि पवन चक्रवात (Cyclone) का रूप धारण कर लेती है। तो लहरें अत्यन्त भयानक हो जाती है। चक्रवात के बीच में उसकी 'आँख' होती है। वहाँ वायु बहुत तेजी से घूमती है। जब यह आँख समुद्र पर से गुजरती है तो पानी ऊपर उठ जाता है। कभी-कभी तो पानी 30 मीटर से भी ऊपर उठकर बादलों से मिल जाता (चित्र 2.4) है। उस समय ऐसा प्रतीत होता है कि बादल

चित्र 2.4 ज्वारीय लहर में पानी

से पानी की धारा सीधे समुद्र में जा मिली हो। यद्यपि देखने में यह भयंकर होती है, परन्तु इससे इतनी हानि नहीं होती है।

सुनामी - भयंकर लहरें (Tsunami)

सागर की सबसे भयंकर लहरें होती है - सुनामी। सुनामी जापानी भाषा का शब्द है, जिसका अर्थ है "बंदरगाह की लहर" ये समुद्र गर्भी भूकंपों के कारण उत्पन्न होती हैं। ये लहरें मुख्य रूप से जलमग्न भूकंपों के कारण भी पैदा होती हैं। ये बहुत लंबी, भयानक, बहुत दूर तक, हजारों किलोमीटर तक असर करने वाली तथा 450 से 800 किलोमीटर प्रतिघंटे की गति से चलनेवाली लहरें होती हैं। आश्चर्य की बात यह हैं कि बीच समुद्र पर यात्रा करनेवाली नौकाओं और जहाजों पर इनका असर बहुत कम होता है। परन्तु तटवर्ती प्रदेशों पर ये कहर ढ़ा देती हैं। 15 जून 1896 को आई सुनामी लहर ने जापान के हांशु द्वीप के उत्तरी किनारे पर सत्ताईस हजार व्यक्तियों को काल के मुँह में पहुँचा दिया था, परन्तु समुद्र में मछलियाँ पकड़ते हुए मछुआरों को इन लहरों का पता भी नहीं चला।

समुद्री विज्ञानियों का मानना है कि आने से पहले सुनामी चेतावनी जरूर देती हैं, परन्तु तट पर रहने वाली व्यक्ति आमतौर से उस चेतावनी की ओर ध्यान नहीं देते हैं। यह चेतावनी है उनके आगमन के पूर्व समुद्र के धरातल का एकदम नीचा हो जाना। वर्ष 1960 में चिली के भयंकर भूकंप के बाद जब 9,600 किलोमीटर दूर हवाई द्वीप के तटों का पानी का धरातल एकदम नीचा हो गया तो लोगों को शीघ्र ही आनेवाली सुनामी लहरों के बारे में चेतावनी दी गई। परन्तु लोग अपने काम में ही मग्न रहे। इसके फलस्वरूप करोड़ों रूपयें मूल्य की संपत्ति नष्ट हो गई और हजारों व्यक्तियों को जान से हाथ धोना पड़ा।

आजकल कृत्रिम रूप से ऐसी सुनामी लहरें उत्पन्न करके एक देश अपने शत्रु देश के तटवर्ती क्षेत्रों में नुकसान पहुँचा सकते हैं। सुनामी लहरों को चित्र 2.5 में दर्शाया गया है।

चित्र 2.5. सुनामी लहरें

(x) **गर्म एवं ठंडी धाराएँ**

वस्तुतः सागर एक स्थायी जलराशि के रूप में दिखाई पड़ता है, परन्तु इसमें भी स्थायी गतियाँ पाई जाती हैं। नदी प्रवाह के समान ही सागर का जल भी कुछ निश्चित दशाओं में गतिशील होता है, जिसे "धारा" (Current) कहते हैं। धाराएँ सागर में पाई जाने वाली एक प्रकार की नदियाँ हैं, जिसमें सागर तल से काफी गहराई तक का संपूर्ण जल निश्चित दिशा में बहता है। इनकी गति अपेक्षाकृत मंद होती है (2 से 10 कि.मी. प्र.घंटा)। विभिन्न महासागरों में अलग-अलग प्रकृति की जलधाराएं (चित्र 2.6) देखने को मिलती हैं, परन्तु उन्हें मुख्यतया दो वर्गों में बाँटा जाता है-

(अ) ठंडी धाराएँ (ब) गरम धाराएँ

चार प्रमुख सागरों में दस गरम और पाँच ठंडी धाराएँ चलती हैं, जिनमें "गल्फ स्ट्रीम" नामक गरम धारा महत्वपूर्ण है। हिंद महासागर में छह गरम तथा दो ठंडी धाराएँ चलती हैं। ये निम्नवत हैं -

गरम धाराएँ - दक्षिण-पश्चिम मानसूनी (ग्रीष्मकाल) उत्तरी-पूर्वी मानसूनी (शीतकाल), दक्षिणी विषुवत रेखीय, विपरीत विषुवत रेखीय, मोजांबिक एवं अगुलहास

ठंडी धाराएँ - पछुआ पवन प्रवाह एवं पश्चिमी आस्ट्रेलियाई।

समुद्री धाराएँ बहुत उपयोगी होती हैं क्योंकि इनके सहारे जलमार्ग निर्धारित किए जाते हैं। ये जिस क्षेत्र में पहुँचती हैं, वहाँ की जलवायु को अपनी प्रकृति के अनुसार गरम या ठंडी बना देती

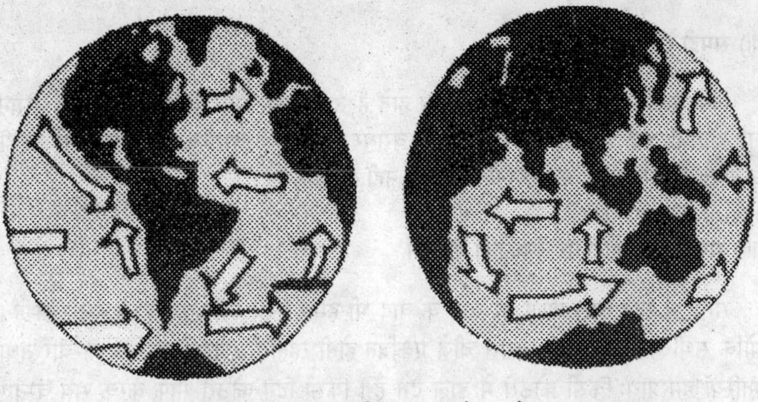

चित्र 2.6. विभिन्न महासागरों की सतह में चलने वाली धाराएं

हैं। गरम धारा के ऊपर से चलने वाली हवाएँ आर्द्रता धारण कर लेती है और तटीय क्षेत्रों में वर्षा करती है। परन्तु ठंडी धारा से वर्षा पर विपरीत प्रभाव पड़ता है।

(xi) **सागर एक विशाल थर्मोस्टेट**

यह सर्वविदित तथ्य है कि हमारी जलवायु पर अधिक नियंत्रण समुद्र का ही होता है। समुद्र पृथ्वी का लगभग तीन-चौथाई भाग को घेरे हुए है। परंतु यह सूखी जमीन की जलवायु को भी काफी गरम या अधिक ठंडी या ज्यादा खुश्क होने से बचाये रखता है। हमारे रहने के अनेक मकानों में थर्मोस्टेट (Thermostat) नामक एक यंत्र होता है। दीवार पर लटकता यह छोटा सा यंत्र जाड़ों में कमरे की गरमी पर नियंत्रण रख सकता है। कमरे को ठंडा या गरम रखने के लिये मात्र थर्मोस्टेट बदल देना ही काफी है। सागर सारे विश्व के लिये विशाल थर्मोस्टेट का ही काम करता है।

जमीन पर ताप शून्य से 94° तक कम हो सकता है। अफ्रीका के रेगिस्तानों में वह शून्य से 136° ऊपर तक चढ़ सकता है। परन्तु समुद्र के तापों में ऐसे अंतर नहीं होते। फारस की खाड़ी का पानी सारे समुद्री पानी में सबसे गरम होता है। वहीं ताप 0° से 96° ऊपर होता है। समुद्रों की तलहटी में कहीं-कहीं जहाँ सबसे ज्यादा ठंड होती है वहाँ ताप 27° तक होता है। यह अंतर (96-27) लगभग 70 अंश से भी कम है। सतही पानी के जुलाई और जनवरी के तापों में कुछ ही अंशों का अंतर होता है, जबकि सतह के नीचे के पानी का ताप तो अपरिवर्तित रहता है।

इसका कारण यह है कि पानी हवा से अधिक धीरे-धीरे गरम या ठंडा पड़ता हैं। एक 'क्वार्ट' पानी को गरम करने में एक क्वार्ट वायु को गरम करने से तीन हजार गुनी उष्मा की आवश्यकता होती है। सरदी के समुद्रों को गरम करने में वसंत की धूप को बहुत समय लग जाता है। गरमी के समुद्रों को ठंडा करने में जाड़े के पाले को काफी समय लग सकता है, इसीलिए समुद्र तटों पर वसंत और सरदी दोनों देर में आते हैं। साथ ही जमीन के स्थानों की अपेक्षा तटवर्ती स्थानों पर गरमियों में अपेक्षाकृत ठंडक और जाड़ों में अपेक्षाकृत गरमी रहती है।

(xii) समुद्री रेगिस्तान

जिस प्रकार सूखी जमीन पर रेगिस्तान होते हैं, उसी प्रकार समुद्र के भीतर भी ऐसी वीरान जगहें होती हैं, जहाँ पौधे और जानवर नहीं के बराबर ही होते हैं। अमेरिका की हड्सन की खाड़ी में तथा खुले समुद्र में भी कई स्थानों पर जीवन नहीं के बराबर हैं।

(xiii) समुद्र की तलहटी पर चमकीली कालीनें

समुद्र में रहने वाले प्राणी मर जाने के बाद भी हमारे लिये रूचि का विषय बने रहते हैं। क्योंकि सभी मृत और भूली-बिसरी चीजें एकत्रित होती रहती हैं। पुरानी कुर्सियाँ, तस्वीरें तथा तश्तरियाँ हम प्रायः किसी कोठरी में डाल देते हैं। किसी दिन कोठरी साफ करके सब वस्तुएँ संभालकर रख दी जाती हैं। समुद्र की तलहटी वस्तुतः विश्व की ऐसी ही कोठरी हैं। परन्तु इसे कभी साफ नहीं किया जा सकता और न हीं गर्द झाड़ी जा सकती है। तथा समय इसीलिये लंबे युगों के बीतने के साथ-साथ समुद्र की गंदगी व गर्द को बुनकर विश्व की सबसे बड़ी व सबसे खूबसुरत कालीनें तैयार कर देता हैं।

वैज्ञानिकों ने इन कालीनों का अध्ययन किया हैं। वे एक खोखली नली उसमें डाल देते हैं जैसे सेब में छेद किया जाता है। सत्तर फीट लंबे खड़िया मिट्टी के खंभे इसे तरीके से समुद्र की तलहटी से बाहर निकाले गए हैं। इनसे यही विदित होता है कि यह मिट्टी हजारों वर्षों में एकत्रित हुई होगी।

कुछ खंभों में बालू की परतें भी होती हैं। इन परतों की मोटाई कभी-कभी दस फीट होती है, परन्तु बालू तो लहरों द्वारा जर्रा-जर्रा कर दी गई किनारों की चट्टानों से बनती हैं। यह धरती से इतनी दूर कैसे पहुँची ? इसका एक संभव कारण यह है कि शायद तैरते हुए बर्फ के पहाड़ इसे अपने साथ ले चले थे, जो बाद में पिघल गई और बालू समुद्र की तलहटी पर बैठ गई। परंतु इसमें निश्चय से कुछ भी नहीं कहा जा सकता है।

यद्यपि बहुत समय तक वैज्ञानिकों को यही शंका रही कि वे कभी जान पाएँगे कि इन कालीनों की मोटाई कितनी है। परंतु ध्वनि की गति से यह संभव हुआ है, क्योंकि ध्वनि किसी दूर की वस्तु तक यात्रा करती हुई जाती है और प्रतिध्वनि के रूप में वापस आती है। उसकी गति मालूम होने पर हम जान सकते हैं कि अमुक वस्तु कितनी दूर है।

राडार की तरंगे भी इसी सिद्धान्त पर कार्य करती हैं। ऐसी तरंगे चन्द्रमा को भेजी गई हैं, जहाँ से वे लौटकर भी आई हैं।

पानी के भीतर किसी बम का विस्फोट किया जाता है. तो आवाज समुद्र की तलहटी तक पहुँच जाती है और प्रतिध्वनि वापस लौटती है। और इसी तरह किसी भी जगह पर हम समुद्र की

गहराई बता सकते हैं। आवाज की तरंगें 'ऊज' या खड़िया मिट्टी की कालीनों को भी पार कर जाती है, यहाँ तक कि वे नीचे की ठोस चट्टानों से टकराकर वापस लौटती हैं। ऐसी तरंगों के अध्ययन से हमें पता चलता है कि कुछ जगहों पर समुद्र की कालीनें बारह हजार फीट या दो मील से भी अधिक मोटी हैं।

(xiv) **सागर में घास के मैदान**

यह सही है कि समुद्री घास के मैदान सामान्य घास के मैदानों से बिल्कुल अलग होते हैं। इन समुद्री घास के मैदानों में अनेक प्रकार के इतने छोटे-छोटे पौधे होते हैं कि उनके बीच से जहाज पर निकल जाने पर भी पता नहीं चल पाता। इन घास के मैदानों का पता लगाने के लिये मछुआरों के से जाल का प्रयोग किया जाता है। अंतर यही होता है कि उनका जाल रेशम का बुना होता है। इस रेशमी जाल में फँसकर लहरों से बाहर निकलने वाले सबसे ज्यादा उपयोगी पौधे का नाम है "डायटम"। ये सच्चे पौधे हैं और अनेक समुद्री जीवों तथा मछलियों के भोजन के काम आते हैं। इनसे भी खूबसुरत होते हैं "रेडियोलारियन" नामक नन्हें पौधे, जो डॉयटम की तरह के ही शीशे के मकानों में रहते हैं। ये हीरों की तरह चमकते हैं। जिस प्रकार जमीन पर उगे बगीचों में मधुमक्खियाँ, चीटियाँ तथा मक्खियाँ होती हैं, ठीक उसी प्रकार समुद्री बागों में भी काफी जीवन रहता है।

(xv) **मूंगे के द्वीप**

प्रवाल पॉलिप (polyp) कहे जाने वाले ये द्वीप समुद्री जीवों की रचना हैं। ये समुद्री जीव समुद्री में उपनिवेश बनाकर उसमें जमा हो जाते हैं। जब जीव मृत हो जाते हैं तो चूना-पत्थर जैसे घटक से बने उनके कंकाल एक बड़ा गुच्छा बना देते हैं, जिनमें से कुछ एक पानी के ऊपर उभर आते हैं। इस प्रकार के प्रवाल की विशिष्टता शैलभित्ति का निर्माण करने में हैं। शैलभित्ति का निर्माण करने वाले प्रवाल गरम उष्ण कटिबंधीय सागरों में फूलते-फलते हैं। वे प्रायः द्वीपों की कोरों के साथ-साथ भित्तियों का निर्माण करने लगते हैं। इस प्रकार की भित्तियों को तटीय प्रवाल भित्ति कहते हैं। ये सागर की तबाही से द्वीपों की रक्षा करते हैं। अमेरिका का फ्लोरिडा प्रायद्वीप मूंगा चट्टानों तथा बालू पर आधारित है। मनुष्य को छोड़कर किसी भी दूसरे जीवधारी से अधिक काम मूंगों ने पृथ्वी की सतह को बदलने में किया है।

(xvi) **समुद्री खाइयाँ** (Oceanic Trenches)

समुद्री खाइयाँ गहरी होने के साथ ही हजारों किलोमीटर लंबी होती है। इनकी औसत लंबाई 100 किलोमीटर है। प्रशांत महासागर के मध्य तोंगा खाई 700 कि.मी. लंबी, 7 कि.मी. चौड़ी तथा एक कि.मी. गहरी है; यह इतनी गहरी है कि एवरेस्ट भी इसमें समा जाता है। अधिकांश खाइयाँ 'V' आकार की होती है (चित्र 2.7)।

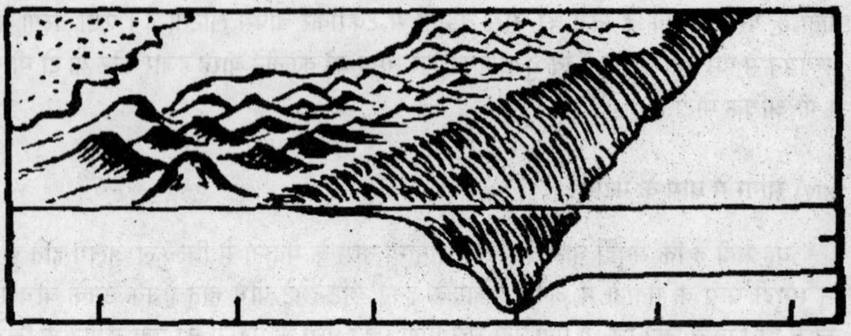

चित्र 2.7. समुद्री खाई एवं संलग्न ज्वालामुखीय द्वीपमाला

(xvii) समुद्री अतिक्रमण

महाद्वीपों के किनारे के थलभाग सामयिक रूप से जल में निमग्न होकर अधिमहाद्वीपीय समुद्र बन जाते हैं। इसे समुद्री अतिक्रमण कहते हैं। यह अतिक्रमण कई कारणों से होता है; जैसे - विस्तृत हिमचादरों के व्यापक रूप से पिघलने से समुद्री जल बढ़ता जाता है, जिससे महाद्वीपों के किनारे के थलभाग जलमग्न हो जाते हैं, समुद्र तल के उत्थान के कारण एवं महाद्वीपीय तल के अवतलन के कारण भी समुद्री अतिक्रमण बन जाते हैं।

अध्याय - 3

मानसून के जन्मदाता - सागर

मानसून तथा मानसूनी हवाओं को लेकर अभी बहुत सी बातें रहस्य बनी हुई हैं। इन रहस्यों को वैज्ञानिक तरीकों से प्रतिपादित करने के प्रयत्न काफी समय से जारी है। हमारा देश हमेशा ही कृषि प्रधान देश रहा है। आज भी, उसमें वैज्ञानिक और तकनीकी कर्मियों की संख्या, संयुक्त राज्य अमेरिका और रूस के बाद, विश्व में सर्वाधिक हैं। हमारे अधिकांश देशवासियों का प्रमुख धंधा भी कृषि ही है। आज भी देश की तीन चौथाई से अधिक आबादी गांवों में ही रहती है और वह प्रत्यक्ष या परोक्ष रूप से कृषि पर आश्रित है। अतः हमारे लिये वर्षा का महत्व बहुत अधिक है।

हमारे देश में वर्षा मानसून पवनों से होती है। वे अपने साथ वर्षा करने वाले मेघ लाती हैं। जिस वर्ष वे पर्याप्त मात्रा में मेघ ले आती है उस वर्ष हमारे खलिहान अनाज से भर जाते हैं और देश में खुशहाली नजर आती है, परन्तु जब मेघ की कमी या मानसून तीसरा नेत्र निकाल देता है, उस वर्ष जलाभाव के कारण त्रासदी हो जाती है। पृथ्वी की जलवायु के अपेक्षाकृत सम होने का सबसे बड़ा कारण है, सागर। सागर में व्याप्त अपार जलराशि के कारण ही पृथ्वी का वायुमंडल न तो अत्यधिक गरम हो पाता है और न अत्यधिक ठंडा।

सागर वर्षा के जन्मदाता

यह कटु सत्य है कि यदि पृथ्वी पर सागर नहीं होते, तब उस पर वर्षा बिल्कुल नहीं होती। क्योंकि पृथ्वी के कुल पानी के 97 प्रतिशत से भी अधिक भाग को अपने में समाए सागर ही वर्षा के लिये जलवाष्प उपलब्ध कराते हैं। उसी पर से पानी वाष्प बनकर उड़ता है, बादलों में परिवर्तित होता है और पुनः वर्षा के रूप में बरसता है। थल की अपेक्षा सागर का क्षेत्र लगभग ढाई गुना अधिक होने से थल और सागरों पर होने वाली वर्षा की कुल मात्राएं बराबर होती है। वास्तव में थल पर बरसने वाले पानी की अधिकांश मात्रा अंततः सागर में पहुंच जाती है। इस कारण सागर को मानसून का जन्मदाता कहा गया है।

मानसून पवन प्रणाली

षड्ऋतुओं वाले भारत देश में मानसून का विशेष महत्व है। वस्तुतः मानसून अरबी भाषा में "मौसिम" शब्द का बदला हुआ रूप है। मोटे तौर से मानसून का अर्थ वर्षा समझा जाता है। यह सही नहीं है। वस्तुतः मानसून पवनें ही हमारे लिये वर्षा करने वाली मेघ लाती है। इसीलिये आम बोल-चाल की भाषा में 'मानसून' और 'वर्षा' पर्यायवाची हो गये हैं। "मानसून" का अर्थ तो "वे हवाएं हैं जो एक विशेष मौसम (ऋतु) में ही एक दिशा में बहती हैं, परन्तु वर्ष भर नहीं बहती है।" मौसम वैज्ञानिक मानसून को एक प्रकार की पवन प्रणाली मानते हैं जिसमें निम्न गुण होते हैं।

(i) ऋतु परिवर्तन के साथ तेजी से दिशा बदलने वाली प्रणाली को थल और सागर के तापों में अंतर आने से उत्पन्न होती है।

(ii) वह प्रणाली जो मुख्य रूप से उष्ण कटिबंध में 20° उत्तर से 20° दक्षिण अक्षांशों के बीच के क्षेत्र तक ही सीमित रहती है।

(iii) उत्तरी गोलार्द्ध गरमी की मानसून पवनों को, दक्षिण-पूर्व की अथवा दक्षिणी गोलार्द्ध की व्यापारी पवनें भी कहा जा सकता है जो भूमध्य रेखा पार करने के बाद, पृथ्वी के अपनी धुरी पर घूमने के फलस्वरूप, दाहिनी ओर मुड़ जाती है। इसीलिये वे थल खंडों पर दक्षिण-पश्चिम दिशा से आती है।

वैज्ञानिक इस बारे में एक मत नहीं है कि मानसून पवनों की परिभाषा उनकी वर्षा करने की क्षमता पर आधारित हो अथवा विश्व की पवनों में होने वाले परिवर्तन के संदर्भ में। इस कारण आज भी मानसून पवनों की एक ऐसी परिभाषा जिसमें उनके सब गुण समावेशित हों, और जिससे केवल मानसून पवनों का ही बोध हो, उपलब्ध नहीं है।

मानसून मात्र भारत से जुड़ी घटना न होकर समूचे एशिया, दक्षिण-पूर्व एशिया, इंडोनेशिया, चीन, जापान, और यहाँ तक कि अफ्रीका तक विस्तारित है। मई के माह में यह पूर्व दिशा से शुरू होकर थाईलैण्ड, कम्बोडिया व इंडोनेशिया होता हुआ भारत के बंगाल की खाड़ी समुद्र को पार करके प्रायः पहली जून तक केरल राज्य में तिरूवनंतपुरम् के तट पर पहुँचता है। इस प्रक्रिया में अधिक से अधिक एक सप्ताह की घटत-बढ़त हो सकती है। मानसून को आमतौर पर उत्तर-पूर्व तथा दक्षिण-पश्चिम, मानसून के नाम से दो भागों में बांटकर देखा जाता है। इसमें दक्षिण-पश्चिम मानसून हमारे देश में विशेष प्रभावी होती है। और वार्षिक वर्षा का 80 से 85 प्रतिशत भाग इन्हीं दिनों (जून से सितम्बर) बरसता है। यदि किन्ही कारणवश मानसून की यह धारा असफल हो जाए अथवा अति सक्रिय हो जाए तो उसका प्रतिकूल प्रभाव भी तत्काल दिखाई पड़ता है।

उत्पत्ति

मानसून की उत्पत्ति का मुख्य कारण है पृथ्वी के विभिन्न भागों का सूर्य से भिन्न- भिन्न मात्राओं में ऊर्जा प्राप्त करना। थल और जल पर सौर ऊर्जा के अलग-अलग प्रभाव पड़ते हैं।

मृदा की रासायनिक संरचना और बनावट के फलस्वरूप थल में ऊष्मा का संचालन धीमी गति से होता है। उदाहरण के तौर पर थल पर पड़ने वाली सौर ऊर्जा से भूमि की मात्र कुछ सेंटीमीटर मोटी परत ही गरम हो पाती है। इसलिये ऊर्जा का अधिकांश भाग थल की बजाए उसके ऊपर की वायु को गरम करने में प्रयोग होता है। इसके विपरीत सागर पर पड़ने वाली सौर ऊर्जा पानी में काफी गहराई तक, लगभग 200 मीटर गहराई तक, प्रविष्ट हो जाती है। इस प्रकार सागर के ऊपर स्थित वायु को गरम करने के लिये अपेक्षाकृत कम ऊर्जा बचती है, फलतः सागर के ऊपर की हवा कम गरम हो पाती है।

मृदा, जल और वायु के तापों में अंतर की घटना में उनका एक अन्य गुण भी महत्वपूर्ण भूमिका निभाता है, वह गुण है ऊष्माधारिता। पानी की ऊष्माधारिता मृदा तथा वायु की तुलना में बहुत अधिक होती है। इस कारण से ग्रीष्म ऋतु में एक ही अक्षांशों में स्थित सागर और महाद्वीपों के तापों में 5 से 10°सें. तक का अंतर आ जाता है। गरमी में महाद्वीपों का ताप सागर की अपेक्षा अधिक हो जाता है, परन्तु सरदी में स्थिति एकदम विपरीत हो जाती है तथा सागर महाद्वीपों की अपेक्षा अधिक गरम रहता है।

जब ये घटनाएं छोटे पैमाने पर होती हैं तब इनके फलस्वरूप जल समीर तथा थल समीर (चित्र 3.1) उत्पन्न होती है। यदि ये बड़े पैमाने पर होती है तब मानसून पवनें उत्पन्न होती है। मानसूनों की उत्पत्ति के लिये तथा उनकी दिशा बदलने के लिये बहुत बड़ी मात्रा में ऊर्जा की आवश्यकता होती है। इतनी बड़ी मात्रा में ऊर्जा उसी समय उत्पन्न हो सकती है जब सागर और थल के तापों में अंतर बहुत अधिक हो।

यद्यपि मानसून पवनें ग्रीष्म और शीत, दोनों ऋतुओं में उत्पन्न होती है, परन्तु वे ग्रीष्म ऋतु में ही अधिक प्रभावशाली होती है। उत्तरी गोलार्द्ध में वे जून-जुलाई और अगस्त महीनों में अधिक प्रभावी होती हैं और दक्षिणी गोलार्द्ध में जनवरी और फरवरी में, जून, के महीने में दक्षिणी गोलार्द्ध से आने वाली व्यापारी पवनें उत्तरी गोलार्द्ध में काफी दूरी तक दक्षिणी पूर्व एशिया तक प्रविष्ट कर जाती है। इनकी एक शाखा बंगाल की खाड़ी के दक्षिणी भाग से बहने लगती है और यह शाखा भारतीय प्रायःद्वीप के दक्षिणी भाग पर वर्षा करती है। यह पवन ही भारत में ठंड की मानसून अथवा उत्तर-पूर्व की मानसून कहलाती है। मोटे तौर पर पृथ्वी के वे भाग जिन पर ठंडे से गरम क्षेत्र की ओर, बड़े पैमाने पर वायु प्रवाह होता है, मुख्य मानसून क्षेत्र है। इस प्रकार के क्षेत्र दक्षिण-पूर्वी एशिया (भारतीय उपमहाद्वीप सहित) के अतिरिक्त उत्तरी आस्ट्रेलिया, पश्चिमी एवं पूर्वी अफ्रीका एवं अमेरिका के दक्षिणी भाग हैं। उत्तरी ग्रीष्म ऋतु में जून और जुलाई के महीनों में, हिंद महासागर से यूरोप की ओर बहने वाली उत्तर पश्चिमी पवनों को भी कुछ लोग गरमी का मानसून कहते हैं।

विश्व की सबसे प्रबल मानसून पवनें हमारे देश पर ही, जून माह के आरंभ से लेकर सितंबर के अंत तक लगभग 100 से 125 दिनों तक बहती हैं।

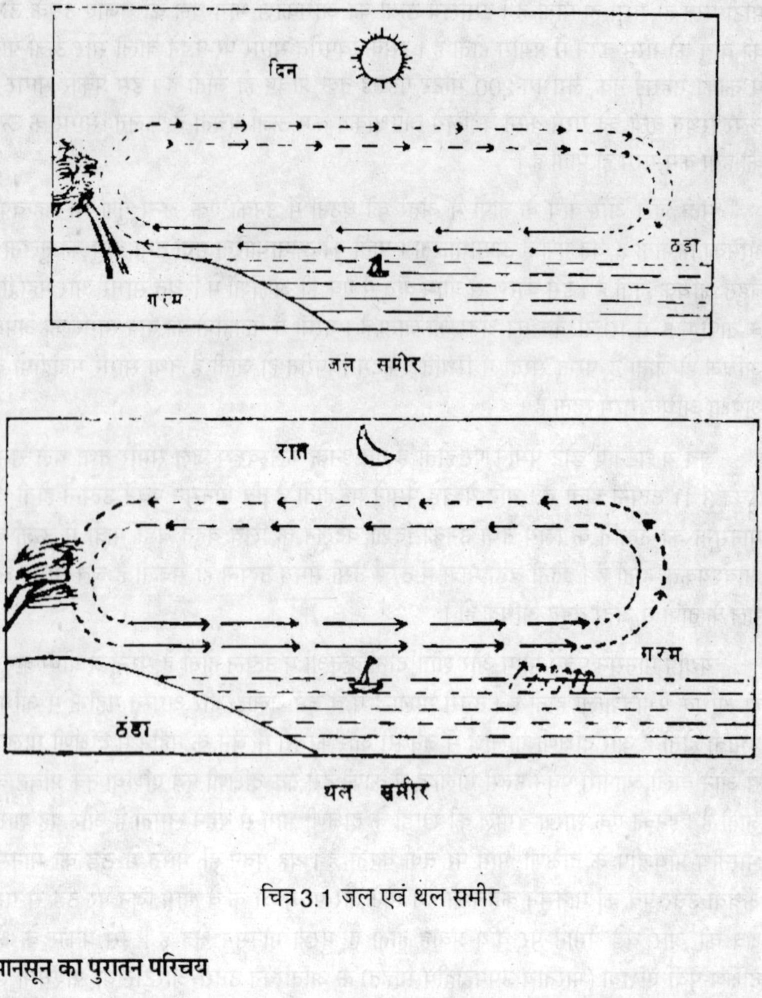

चित्र 3.1 जल एवं थल समीर

मानसून का पुरातन परिचय

जैसा कि वर्णित किया जा चुका है "मानसून" अरबी भाषा का शब्द है जिसे "मौसम" के संबंध में लिया जाता है। समझा जाता है कि यह नाम, तथाकथित मध्ययुग के आरंभ में, उन अरब व्यापारियों ने दिया होगा जिनकी नौकाएं हिंद महासागर को चीर कर, भारत से माल ले जाती थी। उस समय भारत एक अत्यन्त समृद्ध देश था। इन व्यापारियों को शीघ्र ही यह अनुभव हो गया था कि भारत की ओर यात्रा करने का सबसे अच्छा समय होता है गरमी की ऋतु का अंत। क्योंकि उस समय पवनें दक्षिण-पश्चिम दिशा से भारत के तट की ओर बहती हैं। वे अरब सागर

की जलधाराओं की दिशा को भी भारत की ओर मोड़ देती है। इससे अरब व्यापारियों को अपनी नौकाओं को भारत के पश्चिमी तट पर पहुंचाना बहुत आसान हो जाता था।

ये पवनें अपने साथ बड़ी मात्रा में वर्षा-मेघ भी लाती थी। और पानी बरसा कर गरमी से त्रस्त लोगों को बहुत राहत पहुंचाती थी। वर्षा से अरब व्यापारियों को अपेक्षाकृत अधिक राहत मिलती थी, क्योंकि उनके अपने देश में तो वर्षा नाममात्र की ही होती थी। अतः उन व्यापारियों ने इन पवनों को "मानसून" (मौसम) बदलने वाली पवनें कहा होगा, जो कालांतर में घटकर मात्र "मानसून" ही रह गया।

प्राचीन काल से ही मानसून को वर्षा का पर्याय माना जाता रहा है। वर्षा लाने वाली पवनों के गुणगान अतिप्राचीन वैदिक ग्रंथों में भी मिलते हैं -

प्रपर्वतस्य वृषभष्ये पृष्शान्नो वश्चरान्ति स्वसिचज्ञयानाः।
ता अववृत्रन्नधरा गुदवता अहिं बुहन्यमनु रीयमाणाः॥
विष्णो विक्रमण मसि विष्णो विक्रान्त मसि विष्णो क्रान्तमसि॥

(यजुर्वेद 10-19)

इसी प्रकार कविवर कालिदास ने अपने अमर ग्रंथ "मेघदूत" में वर्षा के प्रथम मेघ को ही प्रेमी यक्ष का संदेशवाहक बनाया है। उन्होंने उज्जैन में वर्षा के आगमन की तिथि आषाढ़ की प्रतिपदा यानि 15 जून बताई है, जो कि आधुनिक मौसमविज्ञान की दृष्टि से भी विज्ञान सम्मत है।

वर्षा के आगमन के बारे में हमारे पूर्वजों को भी सही ज्ञान था, इसीलिए प्राचीनकाल से ही विवाहादि तथा धार्मिक उत्सवों की तिथियाँ इस प्रकार निर्धारित की गई थी कि वर्षा के कारण उनके आयोजन में कोई बाधा उत्पन्न न हो। बर्षा के आगमन पर आषाढ़ मास में, देवता भी देवशयनी एकादशी को सो जाते हैं और वर्षा ऋतु के समाप्त होने पर कार्तिक मास में जगते हैं।

हमारा देश कृषि प्रधान होने के कारण और वर्षा पर ही खेती के आश्रित होने के कारण हमारे देश में वर्षा के आगमन की जिस आतुरता से प्रतीक्षा की जाती है उतनी किसी अन्य की नहीं। इसलिये प्राचीन काल से ही उसके आगमन की तिथी की अटकलें लगाई जाती रही है। अनेक ज्योतिर्विदों और विद्वानों ने उसके आगमन का पूर्वानुमान लगाने हेतु तकनीके विकसित की थी। ये अनुमान ग्रीष्मऋतु के अंत में वायुमंडल की परिस्थितियों पर और खगोलीय पिंडों की स्थितियों के अनुसार ही लगाए जाते हैं।

गरमी का मानसून

गरमी का मानसून आरंभ होने के पहले भूमध्यरेखा के निकट 5°द. से 5°उ. तक कम दाब वाला क्षेत्र बन जाता है। यह दुहरी द्रोणी (Double trough) कहलाता है। मानसून आरंभ होने से पहले इस दुहरी द्रोणी का उत्तरी क्षेत्र उत्तर-पूर्व दिशा की ओर बढ़ता जाता है। और अंततः उत्तर पश्चिम भारत, पाकिस्तान, सऊदी अरब के ऊपर स्थित कम दाब वाले क्षेत्र में मिल जाता है। इस कम दाब वाले क्षेत्र के उत्तर-पूर्व की ओर बढ़ने के साथ ही दक्षिणी गोलार्द्ध से आने वाली

पवनें भी एकाएक भारत की ओर मुड़ जाती है। वस्तुतः ये पवनें ही गरमी की मानसून पवनों के रूप में हमारे देश में आती है। इन पवनों के आगमन से कुछ ही दिन पूर्व हमारे देश के वायुमंडल में कुछ उल्लेखनीय परिवर्तन होते हैं।

गरमी की मानसूनों का आगमन आमतौर से तूफान के रूप में होता है और पहली वर्षा काफी तेज और अधिक मात्रा में होती है। इससे वायुमंडल का ताप एकदम काफी गिर जाता है जिससे भीषण रूप से गरम मौसम सुखद मौसम में बदल जाता है और किसान अपने खेतों में फसल बुवाई करने हेतु निकल पड़ते हैं।

मई माह के अंतिम सप्ताह में गरमी की मानसून पवनें श्रीलंका और अंडमान निकोबार द्वीप समूह में पहुंच जाती है। इसके बाद लगभग जून के पहले सप्ताह में वे भारत के दक्षिणतम भाग में भी पहुंच जाती है। इसके बाद उनकी प्रगति का अवलोकन दो शाखाओं के रूप में किया जा सकता है। एक शाखा का आगमन अरब सागर पर से दक्षिण-पश्चिम दिशा से होता है और दूसरी का आगमन बंगाल की खाड़ी पर से, दक्षिण दिशा से होता है। हमारे देश में अरब सागर पर से आने वाली शाखा से ही अधिक वर्षा, लगभग 70 प्रतिशत होती है।

अरब सागर पर से आने वाली मानसून पवनें लगभग पहली जून को केरल के तट पर पहुंच जाती है, यहाँ से ये धीरे-धीरे उत्तर और उत्तर-पूर्व दिशाओं में बहती हैं। 10 जून के आसपास ये मुंबई शहर में पहुंचती हैं। लगभग उसी समय थल के भीतरी भागों की ओर बढ़ते-बढ़ते ये मध्यप्रदेश के पूर्वी भाग में पहुंच जाती हैं। इसी प्रकार सौराष्ट्र में इनके आगमन का समय 15 जून का है और उसी समय ये राजस्थान के दक्षिणी भाग और मध्यप्रदेश के उत्तरी भाग में पहुंच जाती है। जुलाई का प्रथम सप्ताह दिल्ली और हरियाणा पहुंचने का है। वैसे मध्य जुलाई तक ये कश्मीर तक पहुंच जाती है परन्तु उस समय तक इनका प्रवाह बहुत क्षीण हो जाता है क्योंकि तब तक ये अपनी आर्द्रता की काफी मात्रा त्याग चुकी होती है।

बंगाल की खाड़ी पर से आने वाली मानसून पवनें दक्षिण से उत्तर की ओर बहती है। मई के अंतिम सप्ताह में ये पूर्ण रूप से असम और उत्तर-पूर्वी भारत पर फैल जाती हैं। ये उस समय तक उत्तर की ओर बढ़ती रहती हैं। जब तक हिमालय की पर्वत श्रृंखलाओं से नहीं टकरा जाती इस घटना के बाद ये पश्चिम की ओर मुड़ जाती है। इसी कारण जून के आरंभ से लेकर मध्य जून तक बिहार, पूर्वी उत्तरप्रदेश में भारी वर्षा होती है। धीरे-धीरे ये पवनें जुलाई के प्रथम सप्ताह तक पश्चिमी उत्तर प्रदेश, हरियाणा और पंजाब तक पहुंच जाती है, परन्तु तब तक ये लगभग नमी मुक्त हो चुकी होती हैं। दिल्ली और हरियाणा में वर्षा अरब सागर और बंगाल की खाड़ी, दोनों, से आने वाली मानसूनों से होती है।

अरब सागर की मानसूनें राजस्थान के ऊपर से भी गुजरती है परन्तु यहाँ अरावली पर्वत की स्थिति ऐसी नही हैं कि वह उन्हें जल भाप से मुक्त करा सकें। इसके विपरीत उत्तर-पूर्वी भारत के पर्वत बंगाल की खाड़ी से आने वाली मानसूनों को भली- भांति "निचोड़" लेते हैं।

हमारे देश में अधिकांश वर्षा पर्वतों की स्थिति के फलस्वरूप ही होती हैं। गरमी की मानसून तथा मानसून की सामान्य तिथियों को क्रमशः चित्र 3.2 एवं 3.3 में दर्शाया गया है।

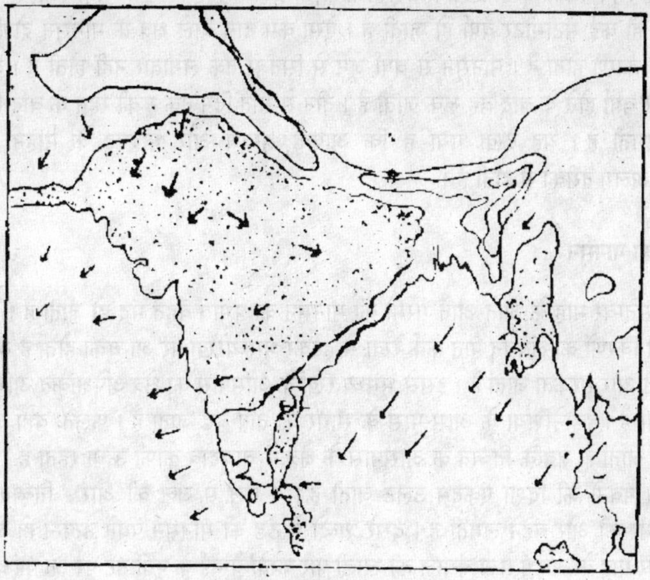

चित्र 3.2 गरमी का मानसून

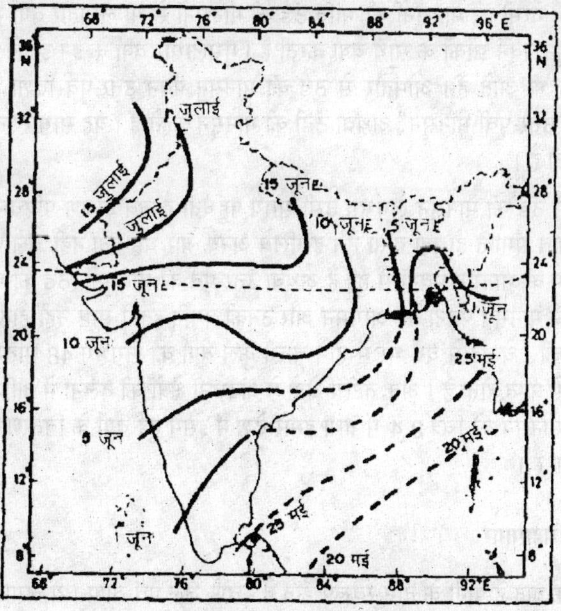

चित्र 3.3 मानसून आने की सामान्य तिथियाँ

मानसून पवनों के साथ आने वाले मेघों से, कभी-कभी बहुत घनघोर वर्षा होती है और कुछ घंटों में ही कई सेंटीमीटर वर्षा हो जाती है। ऐसा कम दाब वाले क्षेत्र के मानसून द्रोणी में घिर जाने के कारण होता है। मानसून से वर्षा जून से सितंबर तक लगातार नहीं होती है। कुछ दिन लगातार वर्षा होने के बाद वह रूक जाती है। तीन से सात दिन तक रूकी रहने के बाद फिर वर्षा होने लगती है। यह देखा गया है कि आषाढ़, श्रावण और भाद्रपद के महिनों में वर्षा अलग-अलग तरीकों से होती है।

सरदी का मानसून

सितम्बर माह के आते-आते गरमी की मानसून का प्रभाव बहुत मंद हो जाता है। अब तक सूर्य की किरणों का लंबवत् पात कर्क रेखा से हटकर भूमध्यरेखा पर आ चुका होता है और मकर रेखा की ओर सरकता जाता है। इससे भूमध्य रेखा के आसपास का क्षेत्र अपेक्षाकृत अधिक गरम हो जाता है। इंडोनेशिया के आस-पास के सागर का ताप बढ़ जाता है। फलतः वहाँ वायु दाब कम हो जाता है, जबकि तिब्बत के आसपास के क्षेत्र में, वायुदाब काफी ऊंचा रहता है। इसलिये मानसून पवनों की दिशा एकदम उलट जाती है। वे थल से जल की ओर - तिब्बत से हिंद महासागर की ओर बहने लगती है। दूसरे शब्दों में ठंड की मानसून पवनें उत्पन्न हो जाती हैं। अक्तूबर माह के आरंभ में ये बंगाल की खाड़ी पार करके चेन्नई के पूर्वी तट पर आ पहुंचती हैं।

गरम और ठंड मानसून पवनों में अनेक बातों में समानता होती है तथा अनेक गुणों में बहुत अंतर होता है। गरमी की मानसूनों की भांति ठंड की मानसूनों से भी लगातार वर्षा नहीं होती है। ठंड की मानसून पवनें झोंकों के साथ वर्षा करती है। मूसलाधार वर्षा के इन झोंकों के साथ ठंडी हवा के झोंखें भी आते हैं। आमतौर से ठंड की मानसून पवन उत्तर-पूर्व दिशा से आती है। इसलिये इसे "उत्तर-पूर्वी मानसून" अथवा ठंडी की मानसून कहते हैं। यह साधारणतया नवंबर से मार्च तक बहती है।

चेन्नई में ठंड की मानसून लगभग उसी समय पहुंचती है जब दक्षिण-पश्चिम की मानसून पवनों का प्रभाव समाप्त हो रहा होता है। इसलिये अनेक बार यह पता नही चल पाता कि वर्षा दक्षिण-पश्चिम की मानसून पवनों से हुई हैं अथवा उत्तर-पूर्व की मानसूनों (ठंड की मानसूनों) से। वस्तुतः ठंड की मानसून पवनों का आगमन और उनकी प्रगति इतनी स्पष्ट नहीं होती जितनी गर्म की मानसूनों की। चेन्नई में वर्ष भर में होने वाली कुल वर्षा का लगभग 48 प्रतिशत भाग ठंड की मानसूनों से प्राप्त होता है। अतः तटीय क्षेत्रों में अंदरूनी क्षेत्रों की तुलना में अधिक वर्षा होती है। ठंडी की मानसून को चित्र 3.4 में तथा हमारे देश में इसमें हुई वर्षा के वितरण को चित्र 3.5 में दर्शाया गया है।

जल चक्र एवं महासागर

जैसा कि ज्ञात है पानी के तीन स्वरूप होते हैं - बर्फ, जल एवं वाष्प। ये लगातार एक दूसरे में परिवर्तित होते रहते हैं। वैसे तो यह एक सामान्य सी प्रक्रिया है परन्तु महासागरों की सतह का

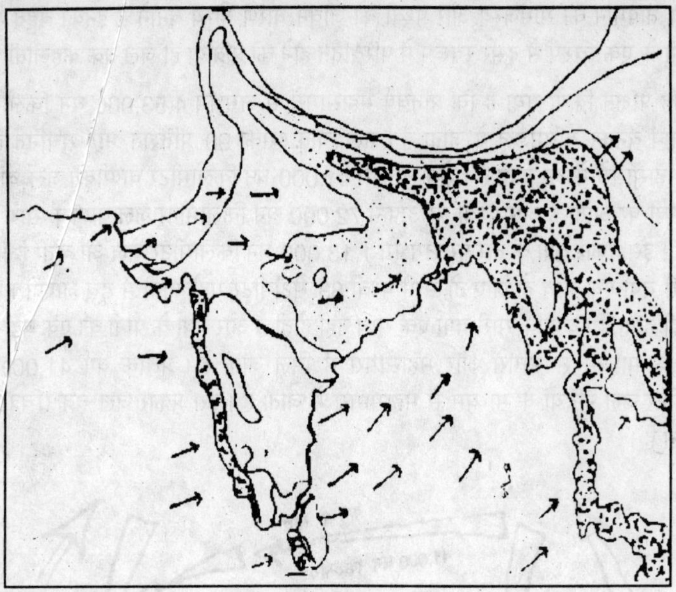

चित्र 3.4 ठंड की मानसून

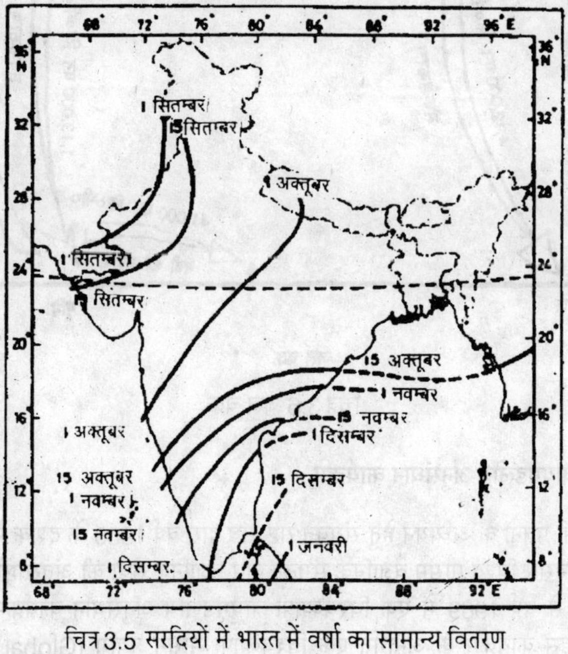

चित्र 3.5 सरदियों में भारत में वर्षा का सामान्य वितरण

निर्धारण, तापमान का सामंजस्य और पृथ्वी को जीवन धारण योग्य बनाने में इनका बहुत महत्व है। पानी के एक स्वरुप से दूसरे स्वरूप में परिवर्तित होने की प्रक्रिया ही जल चक्र कहलाती है।

यह प्रेक्षित किया गया है कि प्रतिवर्ष महासागरों से लगभग 4,53,000 घन किलोमीटर जल, वाष्प बनकर वायुमंडल में जाता है। तत्पश्चात् इसका 90 प्रतिशत भाग संघनित होकर वापस महासागरों में आ जाता है। शेष लगभग 41,000 घन किलोमीटर वाष्पीकृत जल, वायु के साथ पृथ्वी पर आता है और पृथ्वी पर उत्पन्न 72,000 घन किलोमीटर जल वाष्प के साथ मिल जाता है। इस प्रकार वर्षा के तौर पर लगभग 1,13,000 घन किलोमीटर जल आ जाता है। यदि यह सारी वर्षा एक साथ हो जाए तो सारी पृथ्वी 83 सेंटीमीटर गहरे पानी में डूब जाएगी। परन्तु ऐसा नहीं होता है। क्योंकि सारी वर्षा एक साथ नहीं होती है और वर्षा के पानी का एक बड़ा भाग नदियों के माध्यम से सागरों और महासागरों में मिल जाता है। प्रत्येक वर्ष 41,000 घन किलोमीटर जल नदियों के माध्यम से महासागरों में जाता है। इस प्रकार जल चक्र (चित्र 3.6) पूरा होता है।

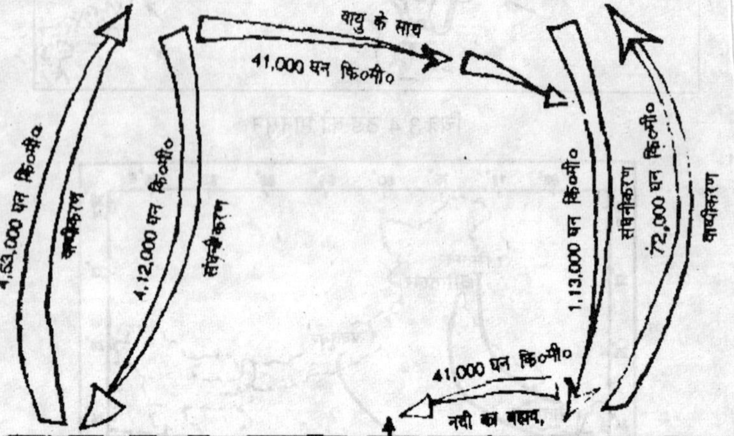

चित्र 3.6 जल चक्र

विश्वव्यापी वायुमंडलीय अनुसंधान कार्यक्रम

मानसूनी पवनों के अध्ययन हेतु संयुक्त राष्ट्र संघ द्वारा वर्ष 1960 के दशक में पारित एक प्रस्ताव के अनुसार विश्व मौसम वैज्ञानिक संगठन और वैज्ञानिक संघों की अंतरराष्ट्रीय परिषद् ने संयुक्त रूप से वर्ष 1969 में एक विश्वव्यापी वायुमंडलीय अनुसंधान कार्यक्रम आयोजित किया था। इस कार्यक्रम के अन्तर्गत एक विश्वव्यापी मौसम प्रयोग (Global Weather experiment) आयोजित किया गया। यह प्रयोग पहली दिसंबर 1978 को आरंभ हुआ और पूरे एक वर्ष तक वृहद् पैमाने पर चलता रहा तथा इसमें विश्व के लगभग सभी देशों ने भाग लिया। इसमें अनुसंधान पोतों वायुयानों, मौसम उपग्रहों तथा अन्य सब प्रकार के अत्याधुनिक उपकरणों का उपयोग किया गया। यह प्रयोग भारत के लिये विशेष रूप से उपयोगी था क्योंकि इसमें मानसून के अध्ययनों पर विशेष बल दिया गया। इस प्रयोग का मानसूनों के अध्ययनों से संबंधित कार्यक्रम ही "मानसून प्रयोग" (Monsoon experiment) के नाम से प्रसिद्ध हुआ। संक्षेप में इसे "मोनेक्स" (Monex) कहते है।

मोनेक्स का प्रमुख उद्देश्य वायुमंडल के व्यापक संचरण पर मानसून पवनों के प्रभावों का अध्ययन करना तथा उनके आगमन के बारे में पूर्वानुमान लगाने में सहायक कारकों का पता लगाना था। मोनेक्स को तीन भागों में बांटा गया था।

(i) शीत मोनेक्स – जो दिसंबर 1978 से 31 मार्च 1979 तक आयोजित किया गया था। इसके अंतर्गत पूर्वी हिंद महासागर और मलेशिया तथा इंडोनेशिया से संलग्न प्रशांत महासागर पर अध्ययन किए गए थे।

(ii) ग्रीष्म मोनेक्स – जो 1 मई से 31 अगस्त 1979 तक आयोजित किया गया था। इसमें अफ्रीका के पूर्वी तट, अरब सागर, बंगाल की खाड़ी और समीप के थल खंडों पर अध्ययन किये गये।

(iii) पश्चिम अफ्रीका मानसून प्रयोग – (वामैक्स) जो 1 मई से 31 अगस्त 1979 तक आयोजित किया गया और उसमें अफ्रीका के पश्चिमी और मध्य भागों पर अध्ययन किए गए।

मोनेक्स, भारत के लिये विशेष उपयोगी होने के कारण भारतीय वैज्ञानिकों ने बहुत अभिरूचि दिखाई और अनेक महत्वपूर्ण अध्ययन किए। भारतीय अनुसंधान पोतों का मुख्य कार्य भारत के इर्द-गिर्द के क्षेत्रों के ऊपरी वायुमंडल में पवनों का अध्ययन करना था। इसके लिए उनमें गुब्बारों के साथ ऊपरी वायुमंडल में भेजे जा सकने वाले उपकरणों, ओमेगासोंडे आदि लगे हुए थे। भारतीय पोतों पर ओमेगासोंडो के अतिरिक्त प्रवेश करने वाली और बाहर जाने वाली विकिरणों तथा वायुमंडलों में ओजोन चालकता और आविलता की मात्राएं ज्ञात करने के लिये उपकरण भी लगे थे।

मोनेक्स के दौरान अमेरिकी वायुयानों ने भी उल्लेखनीय अध्ययन किए थे, जो भारत की दृष्टि से भी महत्वपूर्ण थे। इस दौरान भारतीय मौसम विभाग ने भी अपने केन्द्रों से महत्वपूर्ण प्रेक्षण लिए थे। प्रयोग के दौरान अनेक बार प्रक्षोभ, चक्रवात और गर्त आदि परिस्थितियों में भी अध्ययन किए गए। इस कार्यक्रम के साथ भारतीय अंतरिक्ष अनुसंधान संगठन ने, निचले वायुमंडल के अध्ययन के लिये थुम्बा, श्री हरिकोटा और बालासौर से राकेट प्रक्षेपित किये थे। इसके अतिरिक्त मोनेक्स में भाग लेने वाले सब अनुसंधान पोतों ने हिंद महासागर की जलधाराओं आदि के अध्ययन किये थे, जो न केवल सागर वैज्ञानिकों वरन् मौसम वैज्ञानिकों के लिये भी महत्वपूर्ण थे। उपग्रह से प्राप्त जानकारी ग्रहण करने के लिये भारत में आठ स्वचालित

चित्र प्रेषण केन्द्र स्थापित किए जा चुके हैं। मोनेक्स के दौरान पृथ्वी-वायुमंडल के बीच विकिरण संतुलन के बारे में भी कुछ नए तथ्य ज्ञात हुए जो अनुसंधान की दृष्टि से बहुत ही महत्वपूर्ण साबित हुए हैं।

अध्याय – 4

सागर की जैव संपदा

सागर थल की अपेक्षा कहीं विशाल, कहीं अधिक विचित्र और रहस्यमय है। उसके जीवों की संख्या भी कहीं अधिक है। सागर में जीवन अपनी प्रचुरता, विविधता, प्राचीनतम सुंदरता और यहाँ तक कि बर्बरता में भी एकदम कल्पनातीत है - वहाँ जीवों की संख्या इतनी अधिक है कि हमारे लिए कल्पना करना भी कठिन है।

सागर में बैक्टीरिया जैसे सूक्ष्म जीवों से लेकर 30 मीटर लंबी और 135 टन से भी भारी विश्व की सबसे विशाल जन्तु नीली ह्वेल है। लहरों के साथ हिलौरें लेते हुए अत्यन्त सूक्ष्म पौधे तथा जंतु है, तली पर खिलने वाले फूल सदृश अनेक जीव हैं, चार विभिन्न किस्मों के जीवों से निर्मित "पोर्तगीज - मैन - ऑफ-वार" है, अत्यन्त सुंदर रंग बदलने वाली मछलियाँ है, रंग बिरंगें कोरल हैं, लंबी लंबी सूंड सदृश स्पर्शकों वाले स्किवड है, तारा मछलियाँ हैं और सदा भूखे रहने वाले खूंखार शार्क हैं। कुछ जीव ऐसे भी हैं जो सदा तैरते ही रहते हैं। कुछ कभी भी सागर से बाहर नहीं निकलते और कुछ को थोड़े-थोड़े समय के बाद साँस लेने के लिए वायु में आना पड़ता है। सागर में हर फाइलम (Phylum) के, जिसे पौधों/पशुओं को वर्गीकरण प्रणाली में एक ही प्रकार के पौधों/पशुओं का एक बड़ा खंड माना जाता है, जीव विद्यमान हैं। वहाँ ऐसे फाइलम (Phylum) के जीव भी हैं जो थल पर पाए ही नहीं जाते। वास्तव में जीवन के शरण-स्थल के रूप में सागर थल से कहीं बेहतर स्थान है। वहाँ ताप की इतनी घटत-बढ़त नहीं है जितनी थल पर है, गुरुत्वाकर्षण बल के विपरीत अधिक संबल है, रहने के लिए अधिक जगह है और जहाँ तक पानी का प्रश्न है वह तो इतना अधिक है कि जीव उसे सीधे ही अपने शरीर में ले सकते हैं और उससे जीवन के लिये आवश्यक ऑक्सीजन, कार्बन डाइ ऑक्साइड, लवण तथा खनिज पर्याप्त मात्रा में निष्कर्षित कर सकते हैं।

सागर में पहला जीव

आज से लगभग 3.5 अरब वर्ष पूर्व कोई भी जीव नहीं था, अर्थात् उस समय पृथ्वी पर कोई भी जीवधारी नहीं था। परंतु उस समय वे सब तत्व विद्यमान थे जिनसे जीवधारी बनते हैं। ये तत्व हैं - कार्बन, हाइड्रोजन, ऑक्सीजन, नाइट्रोजन एवं फास्फोरस। पहले कार्बन ने

हाइड्रोजन के साथ संयोग किया जिनसे हाइड्रोकार्बन बने। रचना में बहुत सरल होते हुए भी हाइड्रोकार्बन अत्यन्त महत्वपूर्ण पदार्थ है। इनको वर्षा समुद्र में ले गई। वहाँ उनसे मिली पानी में घुली अमोनिया और कार्बन डाइ ऑक्साइड। यहाँ पर हाइड्रोकार्बन एमीनो अम्लों में परिवर्तित हो गए। जो कालांतर में प्रतिक्रिया होने के बाद वे न्यूक्लिक अम्लों में परिवर्तित हो गए। इस प्रक्रिया में प्रकाश में उपस्थित पराबैंगनी किरणों ने भी महत्वपूर्ण योगदान दिया। वस्तुतः न्यूक्लिक अम्ल ही "जीवन की कुंजी" है। यही वह रसायन है जिसमें जीवन निहित होता है। इस अम्ल में ही पुनरोत्पादन की क्षमता होती है।

कार्बन से हाइड्रोकार्बन बनने तथा उनसे न्यूक्लिक अम्ल बनने तक कई करोड़ वर्ष लग गए। उससे जो सबसे पहला जीव बना, वह अत्यन्त सूक्ष्म एवं सरल था। आज हमें उसे 'वायरस (Virus) कहते हैं। इसने अपनी संख्या बहुत तेजी से बढ़ाई, उत्परिवर्तन करके एक-कोशिकीय जीव बनाया जिससे बाद में, अन्य विविधवंशों और जातियों के बहुकोशीय जीव बने। इनमें भी पहले वे बने जिनके खोल शरीर से बाहर थे। बाद में उनका विकास हुआ जिनका ढांचा शरीर के अंदर था।

आज सागर में ऐसे जीव भी हैं जिन्हें कदाचित "विकास प्रक्रम" अपनी प्रगति के दौरान भूल ही गया। वे उन जीवों के जो करोड़ों वर्ष पहले ही समूल रूप से लुप्त हो गए थे, 'अवशेष' प्रतीत होते हैं। जैली फिश, कोरल, स्पंज, तारा मछली, घोड़ें की नाल सदृश केकड़ा, फेफड़ों वाली मछली आदि ऐसे ही जीव हैं। इन्हें "जीवन के अवशेष" कहा जा सकता है।

मुख्य लक्षण

सागर में जीवन के दो मुख्य लक्षण होते हैं - अत्यधिक तेजी से वंश वृद्धि और बड़े जीवों द्वारा छोटे जीवों का अत्यंत निर्ममता से भक्षण। वहाँ जीवन का एक ही लक्ष्य है - "खाओ, वंशवृद्धि करो तथा दूसरों के शिकार बन जाओ"। विशेष रूप से सागर के छोटे जीव इतनी तेजी से और इतनी अधिक संख्या में वंशवृद्धि करते हैं कि अगर बड़े जीव उन्हें अत्यन्त निर्ममता से न खाएँ तो कुछ वर्षों में एक ही जाति के जीवों के वंशजों से सब सागर भर जाएं। ऐसा अनुमान है कि लगभग एक करोड़ जीवों में से केवल एक ही जीव वयस्क होकर अपना पूरा जीवन जी पाता है।

सागर विभिन्न जातियों, वंशों तथा कुलों के जीवों की एक "पिरामिड सदृश व्यवस्था" है। इस पिरामिड का आधार है अत्यंत सूक्ष्म पौधे और जंतु, उन पर आश्रित हैं उनसे बड़े जीव और इन जीवों का भक्षण करते हैं इनसे बड़े जीव। पिरामिड के शीर्ष पर केवल कुछ बड़ी मछलियाँ और अन्य जीव ही स्थित हैं जो बीच के स्तरों के जीवों के बिना जीवित ही नहीं रह सकते हैं। इस पिरामिड रूपी श्रृंखला में केवल एक जीव को जिंदा रखने के लिए लाखों-करोड़ों जीवों को अपने जीवन की आहुति देनी पड़ती है। उदाहरण के लिये एक कूबड़वाली ह्वेल को, जो सागर की सबसे बड़ी जीव नहीं है। अपने एक बार के भरपेट भोजन के लिये लगभग पांच हजार (एक टन) हेरिंग मछलियाँ खानी पड़ती है। एक हेरिंग मछली एक समय में छः से सात हजार क्रस्टेशियनों

का भोजन करती है और एक क्रस्टेशियन को एक बार पेट भरने के लिये डेढ़ लाख डायटमों का भक्षण करना होता है। इस प्रकार एक मध्यम आकार की ह्वेल का एक बार पेट भरने के लिये चालीस खरब से भी अधिक डायटमों को अपनी आहुति देनी पड़ती है। एक नीली ह्वेल, जो एक दिन में लगभग 40 किलोग्राम की दर से अपने वजन में वृद्धि करती है, प्रतिदिन तीन टन क्रिल खा जाती हैं।

इस खाद्य श्रृंखला से एक बात एकदम स्पष्ट हो जाती है कि सागर में जो जीव जितना छोटा होता है उसकी वंशवृद्धि भी उतनी तेजी से और उतनी ही अधिक मात्रा में होती है। साथ ही जो जीव जितना बड़ा होता है वह जीवन यापन के लिये उतनी ही बड़ी संख्या में छोटे जीवों का भक्षण करता है।

सागर में कोई भी ऐसी जगह नहीं है जहाँ जीवन न हो। उसके सबसे गहरे और अंधेरे भागों में भी जीव रहते हैं, परंतु सब समुद्री जीवों को मोटे तौर से तीन वर्गों में बांटा जा सकता है।

(i) सतह के सुप्रकाशित क्षेत्रों में रहने वाले जीव जो आमतौर से अत्यंत सूक्ष्म होते हैं,

(ii) तट के निकट की उथली तली के जीव, और

(iii) तट से दूर खुले, गहरे, सागर के जीव।

सुप्रकाशित क्षेत्र

थल की ही भांति सागर के भी सब जीव प्रत्यक्ष अथवा परोक्ष रूप से पौधों पर आश्रित होते हैं। केवल पौधे ही सौर ऊर्जा का उपयोग करना जानते हैं और उसकी मदद से सरल पदार्थों से शर्करा, प्रोटीन स्टार्च आदि जैसे जटिल पदार्थ बनाने में सक्षम होते हैं, इन्हें पौधे स्वयं ग्रहण करते हैं और इन्हीं का भक्षण करते हैं जंतु। परंतु पौधे केवल सतह के निकट के सुप्रकाशित क्षेत्र में ही जीवित रह सकते हैं।

सागर में थल की भांति सुविकसित पेड़-पौधे नहीं पाए जाते। वस्तुतः 91 प्रतिशत से भी अधिक समुद्री पौधे अत्यन्त सूक्ष्म जीवधारी होते हैं। वे लहरों के साथ हिल्लोरे खाते हैं और जलधाराओं के साथ किसी भी दिशा में बह जाते हैं। ये सागर के ऊपरी, लगभग तीस मीटर गहरे भाग में ही, जहाँ उन्हें सूर्य का प्रकाश मिल सकता है, पाए जाते हैं। इनमें से अधिकांश का व्यास 0.025 मिलीमीटर जैसा सूक्ष्म होता है। वे खाली आंख से दिखाई भी नहीं देते हैं। सागर में इनकी संख्या इतनी अधिक होती है कि इन्हें गिना भी नहीं जा सकता है।

ये पौधे उस वर्ग के जीव हैं जिसे जीव वैज्ञानिक प्लैंकटन (Plankton) कहते हैं, जिसका अर्थ होता है- "घूमने वाला। इनका नाम सार्थक भी हैं, क्योंकि हवा, ज्वार-भाटों तथा धाराओं द्वारा ये एक स्थान से दूसरे स्थान तक ले जाए जाते हैं। वैसे प्लैंकटन में पौधे तथा जंतु दोनों ही सम्मिलित होते हैं। ये एक कोशीय जीव होते हैं और अपने से उच्च वर्ग के प्राणियों का भोजन बनते हैं। प्लैंकटन अनेक प्रकार के होते हैं और हर किस्म के प्लैंकटन एक विशेष ताप व लवणता

वाले पानी में ही जीवित रह सकते हैं। पानी के ताप या लवणता में थोड़ा सा भी अंतर हो जाने पर उनकी मृत्यु हो जाती है।

डायटम

इन तिरते पादप-प्लैंकटनों में सबसे प्रमुख हैं एक कोशीय शैवाल - डायटम। प्लैंकटनों में इनकी संख्या सबसे अधिक, लगभग 60 प्रतिशत होती है। डायटम विभिन्न आकारों के अत्यन्त सूक्ष्म जीव हैं, परंतु हर जीव एक पारदर्शी कवच में बंद होता है और उस पर सुंदर डिजाइनों बनी होती हैं। डायटम सागर के पानी में घुले खनिजों से कवच बनाते हैं। कवच की दीवारें सिलिका की होती हैं, उसी सिलिका की जो रेत का एक महत्वपूर्ण घटक हैं।

जिस प्रकार थल के पौधे अपनी वृद्धि के लिये धरती से पोषक तत्व ग्रहण करते हैं, उसी प्रकार डायटम सागर के पानी से पोषक तत्व लेते हैं। वसंत ऋतु में आमतौर पर सागर के पानी में पोषक तत्वों की भरमार होती है। उस समय प्रकाश के घंटों में भी वृद्धि होने लगती है। उस समय डायटम अपनी वंशवृद्धि करते हैं। कभी-कभी उनकी संख्या में वृद्धि इस तेजी से होती है कि दो दिन में ही वह दोगुनी हो जाती है। उस समय सागर की सतह कालीन की भांति दिखाई देने लगती है। डायटमों के हरे, पीले, ब्राउन आदि अनेक रंगों के होने के कारण यह कालीन बहुत ही सुंदर तथा रंगं बिरंगी दिखती है।

जंतु प्लैंकटन

तिरते हुए प्लैंकटनों में हजारों वंशों के अत्यन्त सूक्ष्म जंतु भी होते हैं। ये जंतु हर फायलम (Phylum) के होते हैं तथा इनमें विभिन्न जातियों की मछलियों के बच्चे भी होते हैं। ये पादप प्लैंकटनों का ही भक्षण करते हैं। इन्हीं प्लैंकटनों में कुछ ऐसे जीव होते हैं जिन्हें न तो पौधे ही कहा जा सकता है औ न ही जंतु। इनमें दोनों के गुण विद्यमान होते हैं। ये पादप-जंतु डाइनोफ्लोजलेट होते हैं। कुछ डाइनोफ्लोजलेट प्रकाश भी उत्सर्जित करते हैं, इसलिए गरमी में किसी रात को, जब पवन सागर के पानी को हिलोरें दे रही होती हैं, तब सागर पर प्रकाश की एक चमक नजर आती है। यह चमक इन सूक्ष्म जीवों के कारण ही होती है।

कोपेपॉड

जिस प्रकार जमीन पर उगे बगीचों में मधुमक्खियाँ, चीटियाँ और मक्खियां होती हैं, उसी तरह समुद्री बागों में भी काफी जीवन रहता है। इनमें सबसे महत्वपूर्ण होते हैं छोटे-छोटे केकड़ेनुमा जानवर जिन्हें "कोपेपॉड" कहा जाता है। ऐसी मान्यता है कि विश्व में बहुकोशीय जीवों में सबसे अधिक संख्या में "कोपेपॉड" ही हैं। शायद अन्य बहुकोशिय जीवों की कुल संख्या भी इतनी नहीं है जितने अकेले कोपेपॉड की। अधिकांश कोपेपॉड आकार में पिन के सिरे जैसे ही बड़े होते हैं।

सागर की खाद्य श्रृंखला में कोपेपॉडों का अत्यधिक महत्व हैं। अनेक खाद्य मछलियाँ उन्हीं

क्षेत्रों में अधिक पाई जाती है जहाँ कोपेपॉडों की अधिकता होती है। इसलिए मछली पकड़ने वाले उन सबको अपना शत्रु समझते हैं जो कोपेपॉड़ों को नष्ट करते हैं। यह देखा गया है कि रेशमी जाल फेंकने पर पकड़ में आनेवाले पौधों का लगभग दो - तिहाई भाग प्लैंकटन पौधे होते हैं। परंतु आश्चर्य है कि एक-एक "कोपेपॉड" एक दिन में एक लाख बीस हजार डायटम खा जाता है तथा वे दूसरों को खाते हैं तो दूसरे उन्हें भी खा जाते हैं। एक हेरिंग मछली के पेट से साठ हजार से अधिक कोपेपॉड बरामद हुए हैं। मछलियाँ तथा ह्वेल दोनों ही उन्हें खाती हैं। ह्वेल अपना मुँह खोले हुए सतह पर तैरती रहती हैं और उनके ऊपरी जबड़ों से मूंछों की तरह लटकी हड्डियों के बीच से छनकर कोपेपॉड उनके मुँह के भीतर चले जाते हैं। ह्वेल का शिकार करने वाले इन्हें ब्रिट कहते हैं।

मछलियों के मुँह से कोपेपॉड़ों को छीनने वाले दो जीव हैं - ऐरोवर्म तथा कोम जैली। एकदम पारदर्शी तथा लगभग 2 सेंटीमीटर बड़ा ऐरोवर्म कोपेपॉड़ों का उसी प्रकार शिकार करता है जैसे गिरगिट कीड़ों का करता हैं। कोम जैली बेर के आकारवाला जीव है जिसके कंघे सदृश आठ बाल होते हैं। यह कोपेपॉडों को ही नहीं खाता वरन् स्वयं हेरिंग को भी खा जाता है।

ध्रुवीय समुद्रों में 'कोपेपॉड' अधिक संख्या में पाए जाते हैं तथा कभी-कभी पानी को इस तरह रंग देते हैं जैसे ईटों का चूरा बिखेर दिया गया हैं। ऐसे भी उदाहरण है कि एक बार विशालकाय नीली ह्वेल के पेट से तीन सौ गैलन "कोपेपॉड का शोरबा' निकला था।

तल के निकट के जीव

सागर का दूसरा क्षेत्र जहाँ जीवन हमेशा ही फलता-फूलता रहा है, वह है तटों के निकट का उथला भाग। यहाँ भी सूर्य का प्रकाश प्रचुर मात्रा में उपलब्ध होता है। अनेक बार तो वह तली तक पहुँच जाता है। इसलिए, यहाँ, ठेठ तली तक, प्लैंकटनों का साम्राज्य होता है। और यहाँ ही सागर की तली पर भी पौधे उग जाते हैं तथा दूसरे जीवों के खाद्य भंडारों में वृद्धि करते हैं।

इनसे भी अधिक खूबसूरत होते हैं "रेडियोलारियन" नामक नन्हें पौधे, जो डायटम की तरह के ही शीशे के मकानों में रहते हैं। इनमें काँटे (चित्र 4.1) और नुकीले अंग भी होते हैं। तथा हीरों की तरह चमकते भी है।

वास्तव में इन उथले सागरों की तली पर भोजन इतनी प्रचुरता से उपलब्ध होता है कि जीवों को केवल अपना मुंह भर खोलना होता है। भोजन स्वयं उनके मुंह में गिर पड़ता है। भोजन के इस स्वर्ग में वास्तविक समस्या होती है रहने के लिये स्थान ढूंढने की। यहाँ जीवों की संख्या इतनी अधिक होती है कि अनेक जीवों को भोजन खाने के लिये खड़े होने का स्थान भी नहीं मिल पाता है। यहाँ एक वर्ग किलोमीटर क्षेत्र में एक ही प्रजाति के अरबों-खरबों जीव रहते हैं। तथा जहाँ तक जीवों की संख्या का प्रश्न हैं उनकी संख्या भी लाखों में पहुँच जाती है। इस क्षेत्र में ऐसे जीवों की संख्या बहुत होती है जो एक बार तली पर टिकने भर स्थान पा लेने के बाद स्थायी रूप से वही जम जाते हैं तथा भोजन प्राप्त करने के लिये अपने स्पर्शक फैला देते है।

चित्र 4.1 रेडियोलारियन

खुला, गहरा सागर

जैसे-जैसे तट से दूरी बढ़ती जाती है अथवा सागर की गहराई बढ़ती जाती है जीवन की यह चहल-पहल धीमी होती जाती है। यहाँ सूर्य के प्रकाश की पहुँच समाप्त होने लगती हैं, प्लैंकटनों की पैदावार घटने लगती है, छोटे जीवों की संख्या कम होती जाती है।

यद्यपि सागर की सर्वाधिक गहराइयों में भी जीव पाए जाते हैं परंतु उनकी संख्या बहुत कम होती है।

प्लैंकटनों से युक्त सागर की सतह के नीचे, गहरे सागर में भी, यही स्थिति होती है। वहाँ सतह और तली के बीच कई किलोमीटर की दूरी होती है तथा उसमें होता है मुक्त सागर। जीवन के विकास के आरंभिक युगों में जीव या तो सागर की सतह पर विचरण करते थे अथवा तली पर। बीच के खुले सागर में वे जीवन-यापन नहीं कर सकते थे। यह परिस्थिति उस समय तक रही जब तक एक नई प्रजाति का जीव विकसित नहीं हो गया। यह जीव अपेक्षाकृत बड़ा और मजबूत तथा ज्वार भाटाओं, लहरों तथा जलधाराओं का डटकर मुकाबला कर सकता था। और आज खुला, विस्तृत, गहरा सागर इसी जल में साँस ले सकने वाले, रीढ़धारी, चपल जीव का है। यह जीव है, मछली।

समुद्री शैवाल

विश्व में पौधों की लगभग 3,50,000 प्रजातियाँ हैं। इनमें से 30,000 प्रजातियाँ शैवाल की हैं। ये शैवाल जीव मंडल को ऑक्सीजन की आपूर्ति करते हैं। ये मछलियों, पशुओं तथा मानव के लिये खाद्य का स्रोत भी हैं। इसके अतिरिक्त औषधियों, उर्वरकों के निर्माण तथा मल-निपटान में भी इनका प्रयोग किया जाता है। शैवाल की कुछ प्रजातियां विषैले पदार्थों को उत्सर्जित करते हैं, जिससे समुद्री जल प्रदूषित हो जाता है।

थैल्लाई (Thalli) : के रंग के आधार पर शैवाल को निम्न समूहों में विभाजित किया जा सकता है।

(i) बेसिलारियोफाइटा (डायाटोम्स)

(ii) साइनोफाइटा (नीले-हरे शैवाल)

(iii) रोडोफाइटा (लाल शैवाल)

(iv) क्लोरोफाइटा (हरे शैवाल)

(v) फाइओफाइटा (भूरा शैवाल)

इनमें मुख्यतः चार रंग की शैवालें पायी जाती हैं जो जीव-जंतुओं का आहार है। किंतु इनसे भी वैज्ञानिकों ने कुछ रसायन प्राप्त करने की विधियाँ खोज निकाली है। विभिन्न शैवालों का विवरण निम्नवत हैं -

(i) भूरी शैवाल - इनकी अधिकतम जातियां भारतीय समुद्री जल में पायी जाती है। इनकी एक विशेष जाति सारगैसम टर्पीनिरिया में से कुछ रसायन निकाले जा चुके हैं जो कपड़ा उद्योग में उपादेय हैं।

(ii) लाल शैवाल - इनकी अनेक जातियाँ विश्व में ज्ञात है। इनमें ऐगार-ऐग्ग्रर तथा कैरेगिनॉन प्रचुर मात्रा में पाया जाता है। भावनगर स्थित केन्द्रिय नमक व समुद्री रसायन संस्थान के वैज्ञानिकों ने ग्रासिलेरिया तथा जिलेडिएला जाति के शैवालों से भी ऐगार-ऐगार का निर्माण किया है।

लाल शैवाल में कैरेगिनॉन लगभग 10 से 30 प्रतिशत होता है। मुख्यतः यह हिप्नीया, हैलिमिनिया सारकोनेमा तथा लारेन्सिया जातियों में पाया जाता है।

(iii) हरी शैवाल - अल्वा, ऐन्ट्रोमार्फा, कोडियम तथा हैलिमीडा इसकी विशेष जातियाँ हैं। इनमें प्रोटीन विटामिन, खनिज पदार्थ एवं आवश्यक अमीनो-अम्ल भी पाए जाते हैं।

(iv) नील हरित शैवाल - इसकी अनेक जातियाँ पायी जाती है, परंतु एक महत्वपूर्ण अध्ययन के अन्तर्गत ओसिलेटोरिया, फौरिमडियम, एनाबीना वायुमंडल की नाइट्रोजन की सहायता से रासायनिक उर्वरक बनाते पाए गए हैं।

विभिन्न प्रकार के समुद्री शैवालों तथा डायटम को चित्र 4.2 में दर्शाया गया है।

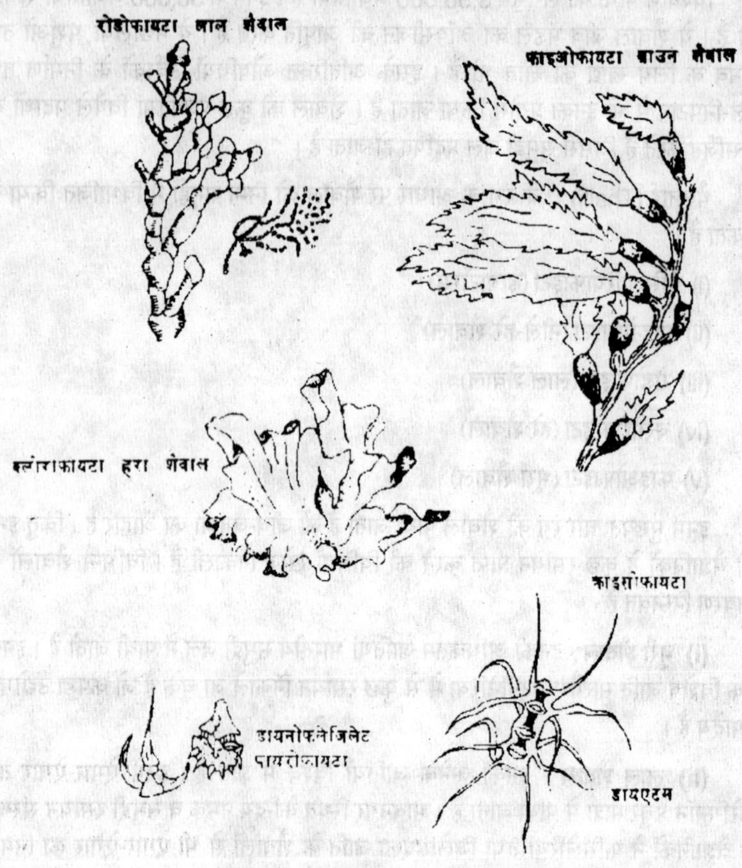

चित्र 4.2 विभिन्न प्रकार के समुद्री शैवाल

कुछ खाद्योपयोगी शैवाल तथा उनके खाने के तरीकों को सारणी 4.1 में दर्शाया गया है। शैवालों तथा अन्य खाद्यान्नो में कार्बनिक पोषक पदार्थों की मात्राओं को सारणी 4.2 में वर्णित किया है। इसी प्रकार प्रमुख समुद्री शैवालों में पाये जाने वाले रासायनिक पदार्थों को सारणी 4.3 में दर्शाया गया है।

सारणी 4.1. कुछ खाद्योपयोगी शैवाल तथा उनके खाने का तरीका

क्रमांक	शैवाल	खाने का तरीका
1	एलेरिया एस्कुलेन्टा	कच्चा तथा पकाकर
2	एलेरिया क्रॉसिफोलिया	पकाकर
3	एस्कोफिलम मस्काई	भाप देकर
4	बैंजिया फुस्को-पुरपुरिया	सलाद
5	कोलेरेपा रैसिमोसा	कच्चा या सलाद
6	कोडियम फ्रेजाइल	मिठाई, सूप एवं सलाद
7	इक्लोनिया कावा	सूप
8	आइजेनिया बाइसाइक्लिस	सूप
9	एन्ट्रोमॉर्फा प्रोलिफेरा	कच्चे टोस्ट मसाले की तरह
10	एंट्रोमॉर्फा लिजा	मसाले की तरह
11	इयोकूमा	अवलेह (जेली), सलाद
12	फ्युक्स रेसिकुलोलस	चाय
13	जिलिडयम अमान्शि	अवलेह
14	गाइगाटिना पेपिलेटा	पुडिग
15	ग्लोइयोपेल्टिस टेनेक्स	तलकर
16	लैमिनेरिया जापोनिका	सूप, सब्जी, कच्चा
17	पोरफिरा मिनिएटा	सूप, सलाद
18	पोरफिरा निरिओसिस्टस	सूप, भाप देकर
19	सरगासम एनर्वी	सूप
20	सारगासम फ्लेवेलम	पकाकर
21	साइटोसाइफान लोमेन्टेरिया	सूप, सुवास
22	अल्वा लैक्टुका	सूप, सलाद, चाय

सारणी 4.2. शैवालों तथा अन्य खाद्यान्नों में कार्बनिक पोषक पदार्थ

शैवाल	प्रोटीन प्रतिशत	शर्करा प्रतिशत	वसा प्रतिशत
इन्ट्रोमार्फा	10.0-22.6	49.7-57.1	1.0
मोनोस्ट्रोमा	10.3	55.6	1.1
अल्वा	12.23	35-51.2	0.4
कोलेरेपा	9.23	35.1	0.7
सरगसम	11.5	29.5	0.3
पोरफिरा	16.18	36.3	0.7
गेहूँ	12.1	69.4	1.7
चना	20.8	59.8	5.6

सारणी 4.3. कुछ प्रमुख समुद्री शैवाल तथा इनमें पाए जाने वाले रासायनिक पदार्थ

	शैवाल	रासायनिक पदार्थ
1	जिलिडियेला	ऐगार-ऐगार
2	ग्रासीलेरिया	ऐगार-ऐगार
3	दिप्निया	कैरागिनन
4	सरगसम	एल्गिन और आयोडिन
5	टर्बिनेरिया	एल्गिन
6	एस्पैरेगोप्सिरा	आयोडिन
7	अल्वा	प्रोटीन
8	एन्ट्रोमॉर्फा	सक्रिय सामग्री

हरी सीपी - समुद्री तट का लगभग 17.1 लाख हैक्टेयर भाग समुद्री खेती के लिए उपयोगी है। इन भागों में हरी सीपियों की खेती, बांसों के बेडे से लटकी जलमग्न रस्सियों द्वारा की जाती है। इस विधि से 480 टन प्रति हैक्टेयर सीपियों का उत्पादन होता है। केरल में धान व झींगा की सम्मिलित खेती तटीय-खाइयों में करने से झींगे की पैदावर अब 1000-1750 किलोग्राम/हैक्टेयर हो चुकी है।

तटीय वनस्पतियाँ - गरान (मैंग्रोव) आदि अनेक जाति की वनस्पतियाँ समुद्री मुहानों में उगती है जिनकी पर्यावरण तंत्र में महत्वपूर्ण उपयोगिता है। ये अधिक उत्पादन वाले क्षेत्र समुद्री खेती के काफी अनुकूल है और इन क्षेत्रों को कई जीवों के प्रजनन, संवर्धन एवं पालन तथा उपयोग के काम में लाया जाता है। इनकी उपस्थिति न केवल समुद्र की तेज लहरों से तट की रक्षा करती है बल्कि इस जल प्रभाग की उपजाऊ शक्ति भी बढ़ जाती है। इन भागों का विस्तृत अध्ययन किया जा रहा है। गरान की अनेक वनस्पतियों की जातियों का विशेष अध्ययन जारी है।

मछली सबसे पहला रीढ़धारी जीव

रीढ़धारी जीवों में प्रथम स्थान मछली का है, जिनका विकास सागर में ही, आज से लगभग 40 करोड़ वर्ष पहले हुआ था। वे बड़ी विचित्र थी तथा वे बहुत काल पूर्व नष्ट भी हो गई। परंतु जिन मछलियों से हम परिचित हैं, उनकी पूर्वज वे अवश्य थी। वैज्ञानिकों ने लगभग बीस हजार इनकी प्रजातियों का पता लगाया है। जब जीवधारी समुद्री से थल की ओर चले तो कुछ मछलियाँ नदियों तथा झीलों में जा पहुँची। दूसरे प्रकार की मछलियाँ अपना कुछ समय स्वच्छ पानी में बिताने लगी। परन्तु अधिकांश समुद्र में ही रही।

जो मछलियाँ मनुष्य के भोजन में काम आती हैं वे सतह से अधिक नीचे नहीं रहती है। वे महाद्वीपीय सागरों में एकत्रित हो जाती हैं। उनमें से कुछ गरम पानी पसंद करती हैं तथा कुछ ठंडा। ताप के घटने बढ़ने पर वे चली जाती है या मर जाती है।

मछलियां उन जगहों की भी यात्रा करती हैं जहाँ उन्हें भोजन सबसे अधिक मिल सकता है। डायटम व कोपेपॉड के तैरते हुए बगीचे मछलियों के अच्छे भोजनागार हैं। समुद्री मछलियाँ नमकीन पानी ही पसंद करती हैं। जब बाल्टिक सागर के पानी में नमक कम हो गया तो हेरिंग मछलियाँ समुद्र छोड़कर चली गई एवं घोंघे मर गए। समुद्री मछलियाँ दो स्वभाव की होती है - सतह पर रहने वाली तथा सूअरों की तरह कीचड़ और बालू में लोट लगाने वाली। पहली प्रकार की मछलियाँ तैरने वाले प्लैंकटनों को खाती हैं। दूसरी प्रकार की मछलियों का भोजन तलहटी पर मिलने वाले कीड़े और छिलकेदार सीपें हैं।

मछलियों की रोचक बातें

जैसा कि वर्णित किया जा चुका है कि आज सागर की तथा ताजे पानी की अस्थियुक्त मछलियों की कुल ज्ञात प्रजातियों की संख्या 20,000 से अधिक हैं, परंतु उनका शारीरिक ढांचा मूलतः वही है जो उनके विकास के समय था क्योंकि वह सागर में जीवन यापन के लिये सर्वोत्तम है। अपने शत्रुओं से रक्षा करने के लिये प्रकृति ने मछलियों को संवेदनशील इंद्रियां और अपने शरीर का रंग बदलने की क्षमता प्रदान की है।

अपनी रक्षा करने के लिये प्रकृति ने मछलियों को अपने शत्रु को धोखें में डालने की कला भी दे रखी है क्योंकि खुले सागर में छिपने के लिये कोई जगह नहीं होती। इसलिए खुले सागरों में रहने वाली लगभग सब मछलियों के रंग आसपास के पानी से मेल खाते हैं। ऊपर से देखने पर उनका रंग नीला या हरा दिखाई देता है जो पानी के सदृश होता है तथा नीचे से देखने पर चांदी जैसा अथवा सफेद, क्योंकि तली से देखने पर सतह का पानी भी इसी रंग का दिखाई देता है।

जैसा कि विदित है पानी वायु की तुलना में लगभग 800 गुना अधिक सघन होता है। इसीलिए प्रकृति ने मछली को ऐसी आकृति प्रदान की है जो पानी को चीरने के लिये बहुत

उपयुक्त है। इसके कारण मछलियों की कुछ प्रजातियाँ पानी में उतनी तेज गति से और उतने अधिक समय तक तैर सकती हैं जितनी गति से और जितने समय तक थल पर भी बहुत कम प्राणी दौड़ सकते हैं। सेलफिश की तैरने की गति 80 किलोमीटर प्रति घंटा होती है; उड़ने वाली (Flying fish) 50 किलोमीटर प्रति घंटे से भी अधिक तेज गति से तैर सकती है तथा ट्यूना चाहे थोड़ी दूर के लिये ही सही, उससे भी बहुत अधिक गति से तैर सकती है। ऐसा अनुमान किया जाता है कि 15 वर्ष की आयु प्राप्त करते-करते ट्यूना दस लाख मील (16 लाख किलोमीटर) की यात्रा कर चुकी होती है। यह सचमुच थलीय जीवों के लिये प्रश्नवाचक है ?

कुछ मछलियाँ एक इंच से भी कम लंबी होती हैं, जबकि विशाल 'ह्वेल शार्क' की लंबाई (चित्र 4.3) 50 फीट से भी अधिक होती है। अधिकांश मछलियाँ अपनी पूँछ से तैरती और सुफनों से दिशा ठीक रखती हैं। बड़ी "पाल मछली" की पीठ पर एक लंबा सुफना होता है, जो किसी पुरानी चीनी जहाज का पाल सा मालूम होता है। उड़नेवाली मछली अपने सुफनों का प्रयोग विमान के डैनों की तरह करती हैं। लहर से बाहर निकलकर वे हवा में 200 फीट या उससे भी अधिक उड़ सकती है। कभी-कभी रात्रि में वह जहाजों के डेक पर जा गिरती है। और जहाजवालों को मुफ्त नाशता मिल जाता है, क्योंकि खाने में वह बड़ी स्वादिष्ट होती है।

चित्र 4.3 सबसे खतरनाक शार्क मछली

"सामन मछलियाँ" समुद्र छोड़कर बहुत शुद्ध पानी में चली जाती हैं जो उनका जन्मस्थल था। वे धारा के विरूद्ध अपना रास्ता बनाती है तथा चट्टानों तथा कभी-कभी तो झरनों को भी उछलकर पार कर जाती हैं।

कई प्रजातियों की मछलियाँ, जैसे एक टन वजनी सन फिश या गहरे सागर की बॉक्स फिश आगे बढ़ने के लिये अपने पंखों (फिन) पर आश्रित होती है परन्तु सागर की सामान्य मछली अपने पंखों का उपयोग मार्ग निश्चित करने तथा रुकने के लिये ही करती है। अपने गलफड़ों में से पानी पंप करके मछली अतिरिक्त शक्ति और गति प्राप्त कर लेती है। मछली की इंद्रिया काफी संवेदनशील होती है तथा उन पर उनका पूर्ण नियंत्रण भी होता है। उसके शरीर के दोनों ओर ऐसे संवेदनशील अंग होते हैं जो उसे अपने इर्द-गिर्द के पानी के दबाव और ध्वनि के बारे में आगाह करते रहते हैं। इसके अतिरिक्त मछली के शरीर में कुछ ऐसी गुहिकाएं, स्टेटेसिस्ट भी होती हैं, जो उसे सागर की अतल गहराइयों में भी उल्टे-सीधे का ज्ञान कराती है।

मछलियों के पलकें नहीं होती है। जिस प्रकार वायुयान को आकाश में बने रहने के लिये उड़ते ही रहना पड़ता है उसी प्रकार मछलियों को सदा तैरते रहना पड़ता है। अतः जैव वैज्ञानिक अभी तक यह नहीं समझ पाए हैं कि मछलियाँ कैसे और कहाँ सोती हैं। कुछ मछलियाँ तो तट के निकट अथवा तली पर लेट जाती है परन्तु ट्यूना जैसी मछलियाँ सदैव तैरती ही रहती हैं।

अंधेरे में रहने वाली मछलियाँ -

मछलियाँ उन स्थानों पर भी रहती है जहाँ सदैव अंधकार छाया रहता है परन्तु वहाँ भी उन्हें भोजन मिल जाता है। सदा अंधेरे में रहने वाली मछलियों का रंग चांदी जैसा चमकदार न होकर आमतौर से लाल, भूरा या काला होता है। उनका ढांचा हलका, ऊतक भंगुर तथा मांसपेशियों की तह पतली होती है। अंधेरे सागरों में रहने वाले जीव या तो अंधे होते हैं अथवा उनके ऐसे अंग होते हैं जो प्रकाश उत्सर्जित कर सकते हैं। लगभग 1000 मीटर गहरे सागर में विचरण करने वाली एंगलर फिश के मुंह के आगे एक लंबे दंडनुमा अंग में, जिसकी लंबाई स्वयं मछली से भी दोगुनी होती है, प्रकाश उत्सर्जित करने वाला अंग स्थित होता है। प्राउलर के शरीर में न केवल आंखों के नीचे प्रकाश उत्सर्जित करने वाले बैक्टीरिया निवास करते हैं, वरन् उनकी चमड़ी में ऐसी परतें होती हैं जिन्हें इच्छानुसार खिड़की के परदों की भांति गिराया उठाया जा सकता है। इन प्रकाश उत्सर्जित करने वाले प्राणियों के फलस्वरूप अंधेरा सागर भी जगमगाता रहता है। तथा वहाँ प्रकाश चमकता रहता है।

समुद्र के अन्य जीव

(i) सींगवाले प्राणी

समुद्र में कई आश्चर्यजनक प्राणि होते हैं जो बड़े-बड़े सिर तथा सींगवाले एवं घूर-घूरकर

देखने वाली आँखों वाले होते हैं। कुछ के शरीर से जुगनुओं की तरह रोशनी निकलती हैं। रात में इन चमकदार प्राणियों के बीच से गुजरने वाला जहाज आग की लपटों के बीच से गुजरता हुआ मालूम पड़ता है. इनके अलावा मछलियों के अंडे, क्लैम के बच्चे (चित्र 4.4), घोंघे तथा केकड़े तलहटी में स्थिर होने से पहले सतह पर तैरते रहते हैं।

चित्र 4.4 मोलस्क जाति के जीव-क्लैम, ऑएस्टर्स तथा ऑक्टोपस

(ii) ह्वेल

हमारे समुद्र तटों के पास अनेक ऐसे जानवर रहते हैं जो अभी तक यह तय नहीं कर पाए हैं कि उन्हें धरती पर रहना अच्छा लगता है या समुद्र में। कुछ केकड़े समुद्र छोड़ देते हैं और कुछ विशेष मौसमों में वापस लौट जाते हैं। रास्ते में उन्हें विशाल समुद्री कछुएँ, जिनका वजन सैकड़ों पौंड तक होता है, मिलते हैं, जो पानी के बाहर गरम बालू में अंडे देने आ रहे होते हैं। परंतु इन सबसे चर्चित जीव है ह्वेल (चित्र 4.5)। जो किसी जमाने में धरती के छोटे जानवर थे, परंतु किसी कारणवश समुद्र उन्हें अधिक आकर्षक मालूम पड़ा और वे वहाँ चले गए। पानी उनका भार वहन करता चला गया, इसलिये उनका आकार बढ़ता ही चला गया। ह्वेल विशाल जंतु हैं और आज तक पृथ्वी पर जितने भी प्राणी विकसित हुए हैं उनमें नीला ह्वेल सबसे बड़ा है। वह प्राचीन डायनासोरों से भी बहुत बड़ा है। थल के सबसे बड़े प्राणी, हाथी, की तुलना में नीला ह्वेल लगभग 60 गुना अधिक भारी होता है।

चित्र 4.5. ह्वेल मछली

ह्वेल परिवार का एक विचित्र सदस्य होता है आर्कटिक सागर में रहने वाला "नार ह्वेल। नर नार ह्वेल का एक दाँत नौ फीट तक लंबा हो सकता है और ऊपरी जबड़े के ऊपर सीधा खड़ा रहता है।

(iii) स्किवड-समुद्री राक्षस

केवल कुछ विशाल 'स्किवड' ही समुद्र की सतह पर पाए गए हैं। एक तो पचास फीट से भी लंबा था। उसकी बड़ी-बड़ी आँखों का व्यास एक फीट था; क्योंकि जहाँ वह रहता है वहाँ रोशनी बहुत कम होती है। उसके लंबे हाथों की हथेलियाँ बड़ी तश्तरियों - सी होती है और शेर के पंजों की तरह के पंजे। इन राक्षसों से युद्ध करते समय ह्वेल का कोई मुकाबला नहीं होता। ह्वेल उसे जल्दी ही टुकड़े-टुकड़े करके खा जाता है। स्पर्म ह्वेल के शत्रु केवल आदमी थे, जो किसी जमाने में तेल के लिए उसका शिकार किया करते थे।

(iv) इप्थारा-ह्वेल से भी भयानक

स्पर्म ह्वेल से भी कहीं भयानक तथा खतरनाक उसका एक रिश्तेदार होता है जो 'इप्थारा' कहलाता है। उसकी लंबाई तीस फीट या उससे कुछ अधिक होती है तथा वह बहुत स्वस्थ एवं शक्तिशाली होता है। उसके दोनों जबड़ों में बड़े-बड़े दाँत होते हैं और वह समुद्र में आतंक फैलाए रहता है। वह सील के बच्चों को समूचा निगल जाता है। लड़ाकू स्पर्म ह्वेल से तो वह कुछ नहीं बोलता, परन्तु दूसरे ह्वेलों पर उसका झुंड भेड़ियों की तरह हमला कर देता है। सब मिलकर ह्वेल के बड़े होंठ चीर देते हैं और जीभ बाहर निकाल देते हैं।

(v) डाल्फिन तथा पारप्वायज

डाल्फिन की अनेक जातियाँ समुद्रों में तैरती रहती हैं। इनमें कुछ की नाक बोतल जैसी होती है और कुछ का मुँह चिड़ियों की चोंच सा दिखता है। डाल्फिनों से छोटी पारप्वायज होती है। वे लंबी व काली होती हैं और लहरों में इस तरह फैलती है मानो खेल-कूद रही हों। नाविक उन्हें "समुद्री सुअर" कहते हैं तथा उनका शिकार करते हैं।

पारप्वायज जहाजों के आसपास तैरना पसंद करते हैं। कई वर्षों तक 'पेलोरस जैक' नामक एक प्रसिद्ध डाल्फ़िन न्यूजीलैंड के बंदरगाहों में आने वाले जहाजों को रास्ते में मिल जाया करता था और उन्हें बंदरगाहों तक पहुँचा दिया करता था। सरकार ने उसकी रक्षा के लिये एक कानून बना दिया था। कुछ डाल्फिन और पारप्वायज समुद्र छोड़कर नदियों अथवा झीलों में रहने लगे हैं। एक तरह की डाल्फिन भारत की पवित्र गंगा नदी में ही पाई जाती है। इस मिट्टी मिले पानी में वह लगभग अंधी हो गई है।

(vi) सील

सागर में रहने वाला एक और स्तनधारी जीव सील है, जो उभयचर है। ये समुद्र या तट दोनों पर काफी आराम से रह लेते हैं। सील अनेक किस्मों का होता है - अलास्कन फर सील, ग्रे सील, हार्पसील आदि। इसमें अलास्कन फर सील सबसे बड़ा और भारी होता है। उसका नर लगभग ढाई मीटर तक लंबा और 300 किलोग्राम तक भारी होता है। मादा कद और वजन में काफी छोटी होती है। सील की कुछ किस्म का शिकार उनके मांस और खाल के लिये किया जाता है। परंतु अधिक मशहूर तो वे सील हैं, जिनका गरम समूर कीमती कोटों में प्रयोग किया जाता है।

(vii) वालरस

वालरस भी स्तनधारी है और वह भी थल और जल दोनों पर रह सकता है। दो लंबे दाँत उसके ऊपरी जबड़े से लटकते रहते हैं। ये 30 इंच से भी अधिक लंबे हो सकते हैं और इनका

चित्र 4.6 शिकार की खोज में वालरस

वजन 15 पौंड तक होता हैं। उन्हीं की मदद से वालरस (चित्र 4.6) तैरनेवाले बर्फ के खंड को छेदकर बाहर निकल सकता है और झपकी ले सकता है और उन्हीं से वह चट्टानी तटों को खोदकर अपना भोजन- क्लैम और दूसरी छिलकोंवाली मछलियाँ निकालता है।

(viii) समुद्र में भालू

हम यह सोच नहीं सकते कि भालू भी समुद्र में जाएगा। परन्तु आर्कटिक प्रदेश का सफेद भालू लहरों पर भी मजे से रह लेता है। वह तट से बीस मील दूर तैरता हुआ पाया गया है, जहाँ वह सील और मछलियों का पीछा करता हुआ पहुँच गया था। उसका मोटा सफेद कोट उसे गरम रखता है। अलास्का के बड़े भूरे भालू को छोड़कर वह विश्व का सबसे बड़ा भालू हैं। उसका वजन 1600 पौंड तक हो सकता है। दक्षिण में रहने वाले भालू जाड़े भर सोते रहते हैं, परंतु सफेद भालू के पास तो कोई जगह, कोई आश्रय या गुफा नहीं होती, जहाँ वह जाए। इसलिये वह आर्कटिक की लंबी काली रातों में पाला और हवा सभी को झेलता रहता है।

(ix) समुद्री सिंह

समुद्री सिंह नाम से प्रसिद्ध स्तनधारी प्राणि वास्तव में फर सील का ही वंशज है। आकार में वह सील से बड़ा होता है। वह प्रशांत महासागर के दोनों, पूर्वी और पश्चिमी तटों पर रहता है। पर प्रजनन करने के लिये कुछ विशेष द्वीपों पर ही जाता है।

सागर के जीव जंतुओं की चर्चा करते समय हम आठ सूंड सदृश अंगों वाले ऑक्टोपस, 15 मीटर से भी लंबे स्किवड जैसे जंतुओं को नहीं भूल सकते है। बहुत भयानक दिखने के बाद भी ऑक्टोपस एवं स्किवड भयानक नहीं होते। वैसे शिकार करते समय अथवा अपनी रक्षा करते समय कुछ खूंखारपन तो दिखाना ही पड़ता है। इसके अतिरिक्त सागर में कछुएँ भी मिलते हैं उनमें भी हरे रंग का कछुआ अपनी प्रवास यात्राओं के लिये प्रसिद्ध हैं।

(x) पनैले साँप

गरम पानी में अपेक्षाकृत दूसरे जानवर होते हैं, जिनसे मिलना हम न धरती पर पसंद करते हैं और न पानी में। वे हैं काले, पीले या हरे, कई रंगों के (चित्र 4.7) पनैले साँप। उनकी लंबाई छह फीट या उससे भी अधिक होती है। किसी-किसी के विष के दाँत "रेटिलस्नेक" से भी अधिक विषैले होते हैं। सौभाग्य से वे मात्र भूमध्य सागर के पासवाले समुद्रों में, और वह भी बहुत ही कम पाए जाते हैं।

चित्र 4.7

पक्षी

सागर में पक्षी भी रहते हैं। वे मात्र सोने या प्रजनन के लिये ही द्वीपों पर जाते हैं। शेष पूरा समय सागर पर ही बिताते हैं। वे वायु में भी उड़ सकते हैं और पानी में तैर भी सकते हैं एवं उसमें गहरा गोता भी लगा सकते हैं। जहाँ तक भोजन का प्रश्न है वे पूरी तरह सागर पर ही आश्रित होते हैं। इन पक्षियों में प्रमुख हैं - अल्बेट्रास, पफिन, गल, टर्न, प्लोवर, पेलिकन आदि। सुदूर अंटार्कटिक महाद्वीप और उसके आसपास के शहरों में ऐसे पक्षी रहते हैं जो यद्यपि उड़ नहीं सकते परन्तु शायद सबसे ज्यादा चर्चित पक्षी हैं - पेग्विन, जो अनेम किस्म के होते हैं।

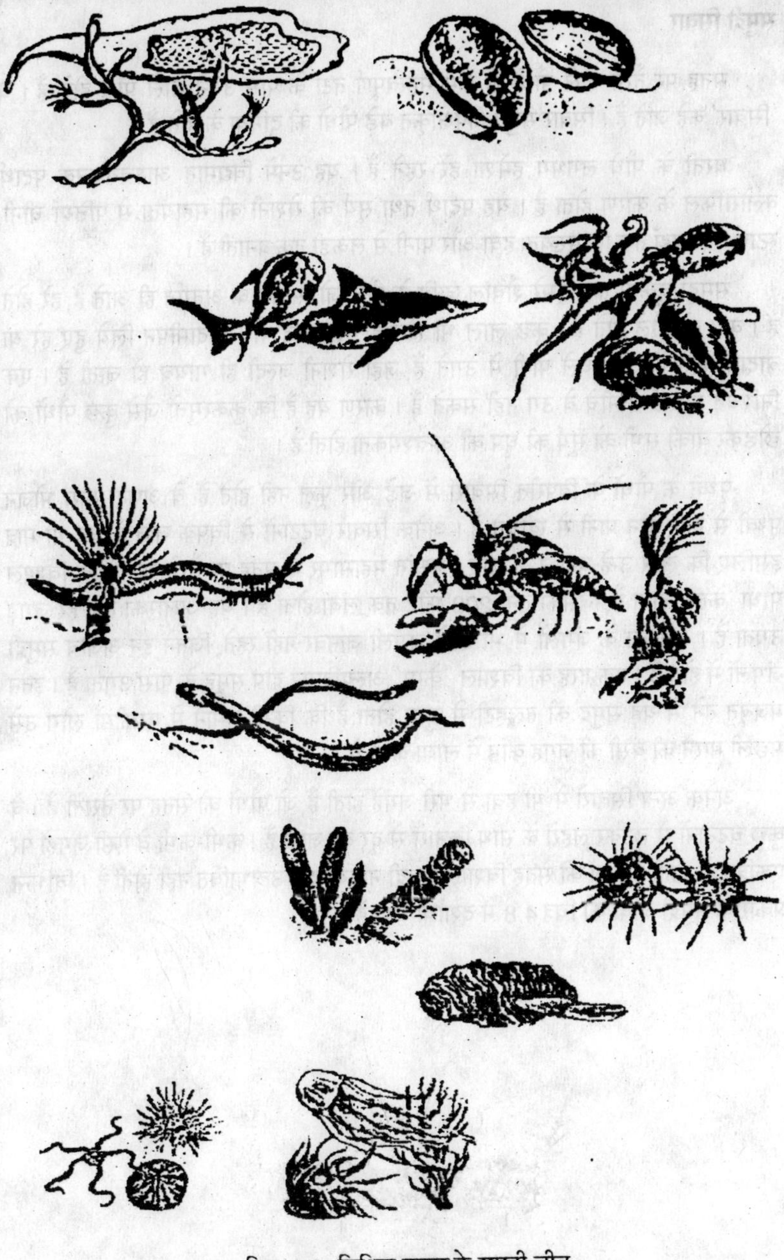

चित्र 4.8. विभिन्न प्रकार के समुद्री जीव

समुद्री सिवार

सतह पर तैरने वाले पौधों से कम महत्वपूर्ण तटों के पास उगने वाले पौधे होते हैं। वे 'सिवार' कहे जाते हैं। सिवार समुद्र अपेक्षाकृत बड़े पौधों की दुनिया के होते हैं।

धरती के पौधे लगभग हमेशा हरे रहते हैं। यह उनमें विद्यमान आश्चर्यजनक पदार्थ क्लोरोफिल के कारण होता है। यह पदार्थ तथा सूर्य की रोशनी की सहायता से पत्तियाँ चीनी, स्टार्च और यहाँ तक कि मुख्यतः हवा और पानी से लकड़ी तक बनाती हैं।

समुद्री चुकंदर तथा दूसरे शैवाल जाति के पौधे, जो सिवारों के अंतर्गत ही आते हैं, हरे होते हैं। कुछ हरे नीले होते हैं। कुछ लाल भी होते हैं; परन्तु बड़े पौधे बादामीपन लिये हुए हरे या बादामी होते हैं। वे उथले पानी में उगते हैं, जहाँ रोशनी जल्दी ही गायब हो जाती है। एक निश्चित गहराई से नीचे वे उग नहीं सकते हैं। कारण यह है कि कुकरमुत्तों जैसे कुछ पौधों को छोड़कर बाकी सभी को सूर्य की धूप की आवश्यकता होती है।

पृथ्वी के पौधों के विपरीत सिवारों में जड़ें और फूल नहीं होते हैं. वे अपना सारा भोजन पृथ्वी से नहीं, वरन् पानी से खींचते हैं। अनेक सिवार चट्टानों से चिपक जाते हैं, वह भी मात्र इसलिए कि लहरें उन्हें बहा न ले जाएँ। प्रशांत महासागर में सतह पर तैरने वाला एक विशाल पौधा 'केल्प' होता है, जिसका तना 200 फीट तक लंबा होता है। यह अलास्का तक हर जगह उगता है। अफ्रीका के जंगलों में भी उतने जंगली जानवर नहीं रहते, जितने इन अजीब समुद्री जंगलों में होते हैं। एक तरह का विशाल "कैम्प" अल्यूशियन द्वीप समूह के पास उगता है। इतने मजबूत तने से यह समुद्र की तलहटी से जुड़ा होता है कि किसी जमाने में एस्कीमों लोग उसे मछली मारने की बंसी की जगह काम में लाया करते थे।

अनेक अन्य सिवारों में भी हवा से भरी जगहें होती हैं, जो पौधों को सतह पर तैराती हैं। वे कुछ चट्टानों से छूटकर लहरों के साथ किनारों से दूर बह जाती हैं। कभी-कभी वे ऐसी जगहों पर एकत्रित हो जाती हैं, जहाँ की सतह विशाल समुद्री नदियों द्वारा उत्प्रभावित नहीं होती है। विभिन्न प्रकार के समुद्री जीवों को चित्र 4.8 में दर्शाया गया है।

अध्याय - 5

सागर की अपार खनिज संपदा

सागर की जैव संपदा यदि अपार है तो वह खनिज संपदा का भी महत्वपूर्ण भंडार है। इसमें खनिज भी हर जगह विद्यमान है, वे उसकी तली के नीचे दबे हुए हैं, उसकी तली पर बिखरे पड़े हैं और उसके पानी में घुले हुए हैं। सागर में खनिजों का सबसे प्रमुख स्रोत हैं वे नदियाँ जो सागर में बड़ी मात्रा में केवल पानी ही नहीं लाती, वरन् उसमें घुले और छितराए पदार्थ भी लाती हैं। इनमें कुछ पदार्थ विभिन्न रासायनिक और भौतिक क्रियाओं के फलस्वरूप तली पर बैठने लगते हैं। यद्यपि इनके जमाव की गति बहुत धीमी होती है; एक हजार वर्ष में इनकी मात्र 2 या 3 मिलीमीटर मोटी तह ही जम पाती है, परन्तु ये सागर के निर्माण काल यानि लगभग 3.5 अरब वर्षों से ही जम रहे हैं इसलिये अनेक स्थानों पर इनकी जमावट बहुत मोटी हो गई हैं सारणी (5.1)। यह दर्शाती है कि विश्व की कुछ प्रमुख नदियाँ प्रतिवर्ष कितना पानी और "अवसाद" सागरों में मिलाती हैं।

सागर की तली पर और उसके नीचे वे सब क्रियाएं होती रहती हैं जो थल पर होती हैं। इनमें ज्वालामुखियों के विवरों और दरारों में से समय-समय पर भूगर्भ से निकलने की क्रियाएँ भी शामिल हैं। इनसे भी सागर के खनिज भंडारों में वृद्धि होती रहती हैं।

सबसे पहली बार जब मनुष्य ने ज्वार भाटे के समय चट्टानों से खुरचकर नमक निकाला था, तभी से समुद्र से खनिजों को निकाला जा रहा है। विश्व के कई भागों में नमक प्राप्त करने के लिए छोटे-छोटे गड्डों में समुद्र का पानी भर लिया जाता है, जहाँ वह गरम हवा में सूख जाता है। तब नमक के ढेर बनाकर उसे धूप में सूखने रख दिया जाता है। ऐसा नमक अपेक्षाकृत गंदा और भूरे रंग का होता है। कई जगहों पर यह चट्टानों के नीचे आधा-मील मोटी परतों के रूप में पाया गया है। खानें और झीलें, दोनों ही उन समुद्रों के अवशेष हैं जो कभी धरती पर लहराते थें। जहाँ कहीं भी हमें नमक मिलता है, वहाँ हम वास्तव में समुद्र की खानों को ही खोदते हैं।

सारणी 5.1. विश्व की विभिन्न नदियों द्वारा लाए गए पानी एवं अवसाद की मात्रा

नदी	ड्रेनेज क्षेत्र (हजार वर्ग कि.मी.)	पानी की मात्रा (घन कि.मी./वर्ष)	अवसाद (करोड़ टन/वर्ष)
यैलो	666	4.2	1,900
गंगा	945	367	1,450
ब्रह्मपुत्र	658	383	725
यांग्ट्सी	1,919	684	500
सिंधु	956	175	435
अमेजन	5,711	5,681	400
मिसीसिपी	3,181	558	310
इरावती	425	425	300
मीकांग	785	346	170
कोलोरेडो	629	4.2	136

समुद्री खनिज समुद्र की विभिन्न गहराइयों से प्राप्त होते हैं, जैसे –

(अ) प्लेसर निक्षेप अथवा भारी खनिजीय बालू – यह समुद्र की कम गहराइयों में या छिछले पानी में उपलब्ध होती है।

(ब) फॉस्फोराइट खनिज – समुद्री किनारे वाले पानी के बीच प्राप्त होते हैं।

(स) धात्वीय मृदा या बहुधातुयुक्त गंधकीय खनिज – ये समुद्री पर्वत श्रृंखला और गहरे समुद्र में पाए जाते हैं।

(द) बहुधातुयुक्त मैंगनीज पिंड – ये गहरे समुद्री क्षेत्रों में पाए जाते हैं।

खनिजों की खान हैं समुद्र

ऐसा ज्ञात हुआ है कि एक घन मील समुद्र के पानी में 15 करोड़ टन से भी अधिक खनिज होते हैं। उनमें से एक अत्यन्त महत्वपूर्ण खनिज आयोडीन है तथा दूसरा ब्रोमीन है। विश्व भर की ब्रोमीन का 9/10 हिस्सा समुद्र में ही होता है। ब्रोमीन का उपयोग मुख्यतः फोटोग्राफी की प्लेटों तथा अनेक दवाओं में होता है। एक अनुमान के अनुसार एक बड़े कारखानें में आजकल समुद्र से निकाले गए खनिजों से पाँच सौ से अधिक चीजें बनाई जाती हैं। समुद्र से प्राप्त खनिजों का विवरण निम्नवत हैं।

(1) समुद्र से रसायन

यह देखा गया है कि आवर्त सारणी के सभी तत्व सागर के पानी में विद्यमान होते हैं। समुद्र जल में 96.5% जल और 3.5% नमक होता है। 1419 x 1012 मीट्रिक टन के द्रव्यमान

सहित समस्त महासागरों में कुल 50,000 लाख करोड़ मीट्रिक टन नमक की मात्रा है। नमक की इस भारी मात्रा में प्राकृतिक रूप से पाए जाने वाले आवर्त सारणी में दर्शाए गए लगभग सभी तत्व पाए जाते हैं। परन्तु सभी तत्व व्यापारिक रूप से निष्कर्षण योग्य मात्रा में नहीं पाए जाते हैं। उनमें से कुछ तत्व जिनके लिए सागर या तो एकमात्र भंडार हैं अथवा प्रमुख भंडार हैं, वे हैं - मैग्नीशियम, कैल्शियम, पोटैशियम, ब्रोमीन और साधारण नमक - सोडियम क्लोराइड। महासागरों में 1840 लाख करोड़ मीट्रिक टन पोटैशियम और 95 लाख करोड़ मीट्रिक टन ब्रोमीन है। समुद्र जल में पाए जाने वाले साठ या इससे अधिक तत्वों में से मात्र कुछ तत्व ही व्यापारिक दृष्टि से प्राप्त किए जाते हैं।

प्राचीनकाल से ही रसायन उद्योग का समुद्री जल से घनिष्ट संबंध रहा है। समुद्र जल से सोडियम क्लोराइड, सोडियम कार्बोनेट, ब्रोमीन, मैग्नीशियम, पोटैशियम तथा उनके लवण औद्योगिक मात्राओं में प्राप्त किए जाते हैं। सौर वाष्पीकरण से नमक तैयार करना, मानव द्वारा बड़े पैमाने पर किए गए औद्योगिक प्रक्रमों में से एक प्रक्रम था।

वर्तमान में समुद्र जल से रसायनों का विश्वव्यापी उत्पादन 324 मीट्रिक टन प्रतिवर्ष है। औद्योगिक तौर पर समुद्र जल से विलग किए जाने वाले अन्य तत्व हैं - मैग्नीशियम मिश्रण, ब्रोमीन तथा मीठा पानी। मीठे पानी के लिए विलवणन टेक्नोलॉजी (Desalination) का इस्तेमाल किया जाता है। इसके अतिरिक्त जिप्सम और पोटैशियम मिश्रण बहुत कम मात्रा में विलग किए जाते हैं। समुद्र जल में भारी पानी (Heavy Water) का उत्पादन औद्योगिक स्तर पर किया जा रहा है। समुद्री जल की रासायनिक संरचना को सारणी 5.2 में वर्णित किया गया है।

सारणी 5.2. समुद्री जल की रासायनिक संरचना

रसायन	मात्रा	रसायन	मात्रा
ऑक्सीजन	36,81,05,500 टन	इंडियम	23 टन
हाइड्रोजन	12,20,62,350 टन	जिंक	11 टन
क्लोरीन	2,14,62,830 टन	लौह	11 टन
सोडियम	1,18,70,500 टन	एल्यूमिनियम	11 टन
मैग्नीशियम	14,68,820 टन	मोलिब्डेनम	11 टन
सल्फर	10,16,780 टन	बेरियम	7 टन
कैल्शियम	4,50,840 टन	रेडियम	लेश मात्र
पोटैशियम	4,29,260 टन	रेडन	लेश मात्र
ब्रोमीन	73,381 टन	सीसा	3.4 टन
कार्बन	31,665 टन	ताँबा	3.4 टन
स्ट्राँशियम	9,040 टन	कलई	3.4 टन
बोरोन	5,420 टन	संखियाँ	3.4 टन

सिलिकोन	3,388 टन	प्रोक्टेटीनियम	3.4 टन
फ्लोरीन	1,468 टन	सिलीनियम	3.4 टन
आर्गन	677 टन	वैनाडियम	2.3 टन
नाइट्रोजन	564 टन	मैंगनीज	2.3 टन
लिथियम	225 टन	टाइटेनियम	1.1 टन
रूबीडियम	135 टन	थोरियम	0.97 टन
फॉस्फोरस	79 टन	सीजियम	0.58 टन
आयोडीन	56 टन	ऐंटीमनी	0.58 टन
कोबाल्ट	0.55 टन	जेनोन	101.3 कि.ग्रा.
निकिल	0.55 टन	जर्मेनियम	60.8 कि.ग्रा.
सेरियम	0.43 टन	कैडमियम	55.8 कि.ग्रा.
यिट्रियम	0.34 टन	क्रोमियम	50.4 कि.ग्रा.
चाँदी	0.34 टन	स्कैंडियम	40.5 कि.ग्रा.
लेंथेनम	0.34 टन	पारा	30.0 कि.ग्रा.
क्रिप्टन	0.34 टन	गैलियम	30.0 किं.ग्रा.
नियोन	0.34 टन	टैलरियम	10.4 कि.ग्रा.
बिस्मथ	204.3 कि.ग्रा.	नियोबियम	5.1 कि.ग्रा.
टंगस्टन	101.3 कि.ग्रा.	हीलियम	5.1 कि.ग्रा.
		सोना	4.1 कि.ग्रा.

हिंद महासागर अथवा किसी अन्य स्थान से रसायनों को प्राप्त करने की आम तकनीक तथा आर्थिक रूप से उपादेय प्रक्रियाओं का विवरण निम्न है।

(1) नमक

सागर के पानी में जो लवण सर्वाधिक घुला हुआ है वह है साधारण नमक (सोडियम क्लोराइड) वही नमक जिसके बिना हमारा स्वादिष्ट भोजन भी बेकार हो जाता है। वही नमक हमारे स्वास्थ्य के लिये भी आवश्यक है। नमक ही वह वस्तु है जिसके लिये गांधीजी को भी सत्याग्रह करना पड़ा था। कदाचित नमक ही पानी के बाद सबसे पहले वस्तु थी जिसे मनुष्य ने सागर से निकालना सीखा था। व्यापक रूप से प्रयोग में लाया जाने वाला नमक प्रथमतः सौर वाष्पीकरण (Solar evaporation) द्वारा सागर से प्राप्त किया गया था। संभवतः तट पर बसे आदिवासी लोगों ने वाष्पित होते ज्वरीय कुंडों में नमक का प्राकृतिक निक्षेप देखा होगा और तब उन्होंने इसी प्रकार के वाष्पीकरण और रवे बनाने के लिये सागर जल को इकट्ठा करना आरंभ कर दिया। समुद्री जल पीने योग्य भले ही न हो, परन्तु हमारे देश में होने वाले नमक के 98 लाख टन से भी अधिक उत्पादन से इंकार नहीं किया जा सकता है। नमक की अधिप्राप्ति के लिए आज प्रयोग में लाई जा रही प्रक्रिया वहीं है जो हजारों वर्ष पूर्व थी। "प्लिनी" ने अपने प्राकृतिक

इतिहास में "प्लेटोलेनाइस" के समय में समुद्री जल के सौर वाष्पीकरण की चर्चा की है। 'एग्रीकोला' ने अपनी डी.टी. मेटाल्लिका में मध्य युग के अंतिम चरण में नमक निष्कर्षण के विषय में जानकारी दी है।

लगभग साठ देशों में समुद्री नमक का उत्पादन किया जाता है तथा अन्य तीस देशों में स्थानीय उपयोग के लिये कम मात्रा में उत्पादन किया जाता है। वास्तव में तट रेखा के साथ वाले प्रत्येक देश द्वारा नमक तैयार किया जा रहा है। यद्यपि नमक आहार संबंधी एक आवश्यकता है तथापि उत्पादन का प्रायः बहुत कम भाग ही खाद्यों में प्रयोग किया जाता है। सोडियम मिश्रणों का अधिकांश भाग हमारे द्वारा प्रत्यक्ष एवं अप्रत्यक्ष रूप से कई उद्योगों में प्रयोग किया जाता है। एक आकलन के अनुसार समुद्र जल से पूरे विश्व द्वारा 40 मेगाटन नमक का उत्पादन किया जाता है, जिसमें हमारे देश का योगदान लगभग 1/8 है।

अब प्रश्न उठता है कि समुद्री जल में क्या मात्र सोडियम क्लोराइड ही होता हैं? नहीं, इसके अतिरिक्त और भी कई तत्व होते हैं जो अलग-अलग तरीकों से हमारी सहायता करने में सक्षम होते हैं। इन्हें नमक वाली खेती अथवा प्रयोगशाला में समुद्री जल से सीधे प्राप्त करने की दृष्टि से केंद्रीय नमक व समुद्री रसायन अनुसंधान संस्थान, भावनगर के वैज्ञानिकों ने विभिन्न तकनीकें विकसित की हैं।

नमक की खेती में प्राप्त होने वाले रसायन

(अ) क्रूड सॉल्ट

इसे प्राप्त करने के लिये समुद्री जल को सान्द्रित करना पड़ता है। इसमें 80 से 85 प्रतिशत सोडियम क्लोराइड तथा शेष मैग्नीशियम के लवण होते हैं, जिन्हें पानी से धोकर दूर किया जाता है। इस प्रकार प्राप्त नमक में 96 से 97 प्रतिशत सोडियम क्लोराइड होने के कारण यह खाने योग्य होता है। इससे नमक उत्पादन में 5-6 प्रतिशत बढ़ोतरी होती देखी गई है।

(ब) सेल्स मिक्स

समुद्री जल से प्राप्य इस मिश्रण में 65-70 प्रतिशत सोडियम क्लोराइड, 25-30 प्रतिशत मैग्नीशियम सल्फेट हैप्टाहाइड्रेट तथा 3-4 प्रतिशत मैग्नीशियम क्लोराइड होते हैं। इस मिश्रण की मदद से निर्जल सोडियम सल्फेट प्राप्त किया जा सकता है। इसके फलस्वरूप कांच, कागज, अपमार्जक तथा अन्य उद्योगों के लिये आवश्यक सोडियम सल्फेट का पर्याप्त भंडार हमेशा उपलब्ध रहेगा।

मिश्रित नमक से शुद्ध लवणों की प्राप्ति

जो नमक खाने योग्य नहीं होता है, उससे पोटैशियम के लवण प्राप्त किये जा सकते हैं।

(i) पोटैशियम क्लोराइड

मिश्रित नमक को 110-120° सें. तापमान पर गरम करके ठंडा करने पर कार्नेलाइट मिलता है। इस कार्नेलाइट को ठंडे पानी में मिलाने से मैग्नीशियम क्लोराइड पानी में घुल जाता है और सोडियम तथा पोटैशियम के क्लोराइड शेष रहते हैं, जिन्हें गरम पानी (100° सें.) में स्थानांतरित करने के पश्चात ठंडा करने से शुद्ध पोटैशियम क्लोराइड प्राप्त होता है। आठ टन मिश्रित नमक से लगभग एक टन पोटैशियम क्लोराइड बनाया जा सकता है। इस प्रक्रिया पर आधारित पोटैशियम क्लोराइड संयंत्र का निर्माण खाराघोड़ा में किया जा रहा है। इससे पोटैशियम क्लोराइड के निर्यात में व्यय होने वाली बहुमूल्य विदेशी मुद्रा की बचत होगी।

(ii) पोटैशियम श्योनाइट ($K_2Mg(SO_4)_2 . 6H_2O$)

जहाँ-जहाँ समुद्री जल को सुखाकर नमक की खेती की जाती है, वहाँ पर कैनाइट बनाये जा सकते हैं। कैनाइट पर पानी की अभिक्रिया करने से पोटैशियम श्योनाइट प्राप्त होता है जिसे एक रासायनिक उर्वरक के रूप में प्रयोग में लिया जा सकता है। इसका उपयोग विशेष रूप से उन पौधों के लिये लाभकारी सिद्ध हो सकता है जिनमें क्लोराइड की अधिक मात्रा को सहने की क्षमता नहीं होती हैं यथा - खट्टे फल, (नींबू, नारंगी तथा करौंदा), आलू, तंबाकू इत्यादि।

भारत को पोटैशियम आधारित उर्वरक विदेशों से मंगवाने पड़ते हैं, जिनकी कीमत 100

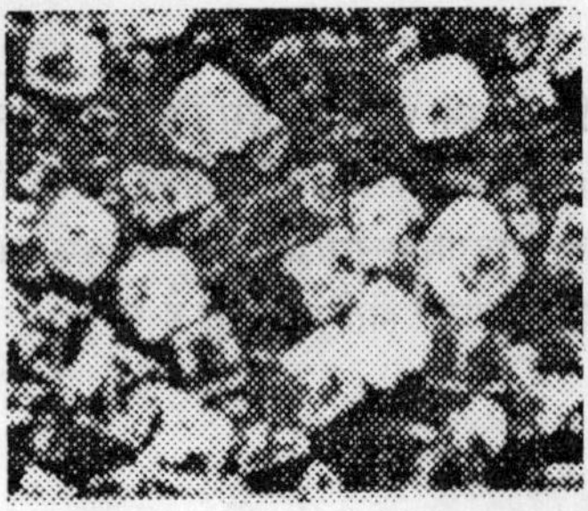

1

2

3

चित्र 5.1 विभिन्न प्रकार के नमक की संरचना 1. वैक्यूम 2. डैन्ड्रेटिक 3. ग्रेन्यूलर

करोड़ रुपयों से भी अधिक होती है। इसी बात को दृष्टिगत रखते हुए हिन्दुस्तान सॉल्ट लिमिटेड, खाराघोड़ा ने महासागर विकास विभाग के आर्थिक सहयोग से लगभग दस वर्ष पूर्व एक प्रायोगिक इकाई का निर्माण कार्य शुरू किया गया था जिसके तहत पोटैशियम क्लोराइड का बनना संभव हो रहा है। विभिन्न प्रकार के नमक की संरचना को चित्र 5.1 में दर्शाया गया है।

(2) मैग्नीशियम

मैग्नीशियम एक हलकी तथा उपयोगी धातु है जिसका उपयोग वायुयान तथा अंतरिक्ष यान निर्माण उद्योगों में दिनोंदिन बढ़ रहा है। मैग्नीशियम के मिश्रणों को सीमेंट, रबड़, कपड़ा, धातु और निर्माण उद्योगों में इस्तेमाल किया जाता है। बुनियादी मैग्नीशिया उष्मसह (Refraction) स्टील उद्योग के लिये महत्वपूर्ण होता है। भू-पर्पटी में मैग्नीशियम आठवाँ सर्वाधिक महत्वपूर्ण तत्व है और समुद्री जल में, सांद्रण में यह तीसरे स्थान पर है। यद्यपि समुद्र जल में मैग्नीशियम का सांद्रण, उच्च शुद्धता मैग्नीशियम अयस्क की अनुपस्थिति के कारण भूमि निक्षेपों की तुलना में बहुत कम होती है, इसलिये समुद्र जल को मैग्नीशियम मिश्रणों और मैग्नीशियम धातु के प्रमुख साधन के रूप में प्रयोग किया जा रहा है। वस्तुतः द्वितीय विश्वयुद्ध के दौरान लड़ाकू विमानों के ढाँचा फ्रेमों के निर्माण के लिये अपेक्षित मैग्नीशियम मिश्रित धातु को बनाने के लिये समुद्र जल ही एकमात्र साधन था।

विश्वभर में मैग्नीशियम का वार्षिक उत्पादन लगभग 11 मेगा टन है, जिसमें से समुद्र जल से मात्र 0.7 मेगाटन ही प्राप्त होता है। हमारे देश में मैग्नीशियम की वार्षिक आवश्यकता का लगभग आधा भाग स्वदेशी तौर पर विकसित की गई विद्युत् अपघटनी प्रक्रिया का प्रयोग करके समुद्र जल से उत्पन्न किया जाता है।

(3) ब्रोमीन

यद्यपि ब्रोमीन भू-पर्पटी में दूर-दूर तक फैला हुआ है, फिर भी इसकी प्रचुरता कम है (भूमि निक्षेपों में 0.1 पी.पी.एम. से भी कम) तथापि समुद्र में इसका सांद्रण अधिक है, जो कि घुले हुए अवयवों की प्रचुरता की दृष्टि से नौवें स्थान पर है। इसमें औसतन 67 पी.पी.एम. सांद्रण होता है। इस कारण से समुद्र जल ब्रोमीन का एक प्रमुख वाणिज्यिक साधन है।

प्रारंभ में समुद्र जल से ब्रोमीन की प्राप्ति समुद्री रसायन इतिहास में अति सामान्य घटना थी। सीसित पेट्रोलियम (Leaded petroleum) का इस्तेमाल जब एक आवश्यकता बन गई तब ब्रोमीन की मांग में वृद्धि होने लगी तथा अमरीका के एथिल गैसोलिन कॉरपोरेशन ने पहली बार समुद्र जल से ब्रोमीन निकालने की प्रक्रिया को विकसित किया।

सम्पूर्ण विश्व में ब्रोमीन का 1,32,000 टन वार्षिक उत्पादन होता है, जिसमें से समुद्र जल निष्कर्षण द्वारा मात्र 36,000 टन उत्पादन ही होता है, जो कि कुल उत्पादन का केवल 27 प्रतिशत ही है।

(4) जिप्सम

नमक की खेती में प्राप्त होने वाले घटकों में सर्वप्रथम जिप्सम के बड़े-बड़े क्रिस्टल देखने को मिलते हैं। इनमें मिट्टी तथा कैल्सियम कार्बोनेट होने के कारण ये मटमैले दिखते हैं और यही कारण है कि इनका उपयोग उच्च स्तरीय प्लास्टर बनाने में नहीं होता है। फिर भी सामान्य प्लास्टर ऑफ पेरिस इनसे बनाया जाता है, जिससे प्लास्टर बोर्ड और बेन्डेज बनते हैं। भावनगर स्थित केंद्रीय नमक एवं समुद्री रसायन अनुसंधान संस्थान द्वारा विकसित नई पद्धति के अंतर्गत इसी जिप्सम को ऐल्फा प्लास्टर ऑफ पेरिस में रूपान्तरित करने पर एक बहुत ही शक्तिशाली प्लास्टर का निर्माण होता है जिसका उपयोग विशेषतः कृत्रिम दांतों तथा धातुओं के सांचों को बनाने में होता हैं।

(5) पोटैशियम

समुद्र जल में पाए जाने वाले तत्वों में प्रचुरता की दृष्टि से पोटैशियम का छठा स्थान है। जैसा कि विदित है कि पादप वृद्धि के लिये उर्वरक के रूप में पोटैशियम लवण बहुत आवश्यक होते हैं और कृषि के लिये भी यह तत्व जरूरी है। ब्राइन जो कि समुद्र जल से वाष्पीकरण के द्वारा नमक के क्रिस्टलन होने के बाद बच जाता है, उससे पोटैशियम मिश्रण बहुत अधिक मात्रा में तैयार किए जाते हैं। कई वर्षों से भिन्न-भिन्न प्रक्रियाओं द्वारा समुद्र से पोटैशियम लवण प्राप्त किये जाते हैं।

(6) सोना

ऐसा ज्ञात होता है कि विगत समय में समुद्र जल से सोना प्राप्त करने की धारणा ने कई वैज्ञानिकों के मन में लालच उत्पन्न किया है। समुद्र जल से सोने को प्राप्त करने के लिये विगत सौ वर्षों में पचास से भी अधिक एकस्व (Patent) प्रदान किये गए हैं। प्रवर्तक, जो कि आमतौर पर धोखेबाज होते थे, उन्होंने प्रस्तावित निष्कर्षण योजनाओं के आधार पर कई बार कंपनियों का संगठन किया, सोना बेचा और अपनी संपत्ति में वृद्धि की।

सुप्रसिद्ध वैज्ञानिक फ्रिट्ज हाबेर ने समुद्र से सोना निकालकर प्रथम विश्वयुद्ध के बाद जर्मनी के युद्ध ऋणों के भुगतान की योजना बनाई। उसी समय स्वीडन के प्रसिद्ध रसायनशास्त्री स्वेंट आरेनियस को भी सोने के अनुसंधान कार्य में शामिल किया गया। हाबेर ने समुद्र जल से सोना निकालने के सही तरीके का विकास करने के लिये बहुत प्रयत्न किया। सोना प्राप्ति का विकास करने के बाद हाबेर ने बहुत वित्तीय सहायता भी प्राप्त की। उन्होंने तीन बार समुद्री यात्रा की, परन्तु इन सभी समुद्री यात्राओं के परिणाम आशान्वित नहीं रहे। अंत में, उसने यह निष्कर्ष निकाला कि एक टन समुद्र जल में 0.004 मिलीग्राम सोना होने की संभावना है। उनकी असफलता का मुख्य कारण अत्याधिक लागत था।

(7) यूरेनियम

अणु रिएक्टरों के लिये ईंधन के रूप में तथा अणु आयुधशाला के एक घटक के रूप में यूरेनियम की उपयोगिता के कारण इस धातु का विशेष महत्व है। समुद्र जल में इसकी अपेक्षाकृत अधिक प्रचुरता के कारण (3.2 भाग प्रति, अरब) तकनीकी दृष्टि से इस ओर बहुत ध्यान दिया गया है। उन देशों ने विशेष रूप से ध्यान दिया है, जहाँ इस धातु की निश्चित आपूर्ति नहीं है। तथापि, यह बात बड़ी निराशाजनक है कि समुद्र जल से व्यापारिक पैमाने पर यूरेनियम का दोहन वास्तव में तब किफायती होगा, जब भूमि से यूरेनियम अयस्क के भंडार समाप्त हो जाएँगे। अभी हाल ही में समुद्र जल से यूरेनियम के दोहन के लिए एक प्रक्रिया के बारे में जापान से सूचना मिली है।

(8) भारी जल

भारी जल यानी Heavy Water ड्यूटेरियम का एक ऑक्साइड है। इसका एक मात्र वाणिज्यिक इस्तेमाल है अणु रिएक्टरों के लिये मॉडरेटर या मंदक के रूप में। इसके प्रयोग में मुख्य रूकावट इसलिए आती है कि अन्य मॉडरेटरों की तुलना में इसकी कीमत अधिक हैं। हिंद महासागर के भूमध्य प्रदेशों के भूतल जल भारी समस्थानिकों की दृष्टि से अधिक समृद्ध हैं क्योंकि इस प्रदेश में वाष्प दाब कम होता है। कुछ भूमध्य देशों द्वारा समुद्र जल से ड्यूटेरियम प्राप्ति के लिये इसका प्रयोग किया गया है।

(9) अन्य धातुएँ

गहरे समुद्र तल से बहुधात्विक और मैंगनीज ग्रंथियों (Nodules) को निकालते हुए समुद्र जल से आर्थिक दृष्टि से कई महत्वपूर्ण धातुएँ जैसे - मैंगनीज, तांबा, कोबाल्ट, निकिल, सीसा, और जिंक आदि भी निकाली जाती है। प्रशांत महासागर, अटलांटिक महासागर और हिंद महासागर की अतल गहराइयों के बहुत अधिक क्षेत्र में ये धातुएँ फैली हुई हैं। जब समृद्ध स्थलीय अयस्कों की उपलब्धता समाप्त हो जाएगी तब कुछ तत्वों का अत्यधिक सांद्रण इन धातुओं की प्राप्ति के प्रति आकर्षण उत्पन्न करेगा। भारत सहित कई अन्य देशों ने इन भंडारों की पहले ही खोज कर ली है तथा भविष्य में इनका व्यापारिक दोहन करने की तैयारी में है।

जैसा कि विदित है समुद्र मैग्नीशियम का बहुत विशाल भंडार है। समुद्र का पानी अब ऐसे जलाशयों में ले जाया जाता है, जहाँ घोंघों के छिलके बड़े-बड़े ढेरों में एकत्रित कर दिये जाते हैं। पानी का मैग्नीशियम घोघों के छिलकों के चूने से मिल जाता है तथा बाद में अलग कर लिया जाता है। हेनरी फोर्ड का विचार था कि मोटरों में इसका उपयोग अधिक से अधिक होता जाएगा। और हम समुद्र की खानों की खुदाई और अधिक करेंगे।

गंधक एक अन्य खनिज है जिसके बड़े भंडार सागर की तली में है। संयुक्त राज्य अमरीका में इस प्रकार के भंडारों से बड़ी मात्रा में गंधक निकाली जा रही है।

(10) सर्वाधिक महत्वपूर्ण पदार्थ-जल

सागर में एक वस्तु जो सबसे अधिक मात्रा में विद्यमान है परन्तु आम आदमी का उसकी ओर ध्यान बहुत कम ध्यान जाता है। वह है पानी, जो हर प्राणी के लिये हवा के बाद सबसे आवश्यक है। प्रगति के साथ-साथ मनुष्य की पानी की मांग दिन-प्रतिदिन बढ़ती जा रही है। पानी की आवश्यकता हमें न केवल पीने वरन् भोजन पकाने, सिंचाई एवं औद्योगिक कार्यों में भी होती है। यह विडंबना ही कही जाएगी कि पृथ्वी के 71 प्रतिशत से भी अधिक भाग के पानी में डूबे रहने के बाद भी हमें पानी की कमी प्रायः रहती है। इसका प्रमुख कारण है कि पृथ्वी पर विद्यमान कुल पानी के 97 प्रतिशत से भी अधिक भाग का पीने, सिंचाई एवं उद्योगों के लिए अनुपयुक्त होना। क्योंकि इसमें उपस्थित लवण उसे उपर्युक्त कार्यो हेतु अयोग्य कर देते हैं।

वस्तुत सागर के पानी को पीने योग्य बनाने हेतु सिद्धान्ततः तीन विधियाँ प्रयोग की जा सकती हैं। ये हैं - आसवन (Distillation), प्रतिलोम परासरण (Reverse Osmosis) तथा हिमीकरण (Freezing)।

सागर पर लंबी यात्राएँ करने वाले जहाज अपने साथ बड़ी मात्रा में पीने का पानी ले जाते हैं अथवा समुद्री पानी को आसवित करते हैं। यह विधि बहुत आसान परन्तु महंगी भी बहुत है। इस विधि में सागर के पानी को एक विशेष झिल्ली में से गुजारा जाता है। उसमें से मात्र पानी ही निकल पाता है। लवण एक तरफ रह जाते हैं। इस विधि से समुद्री पानी में से लवणों के साथ-साथ अन्य हानिकारक पदार्थ तथा बैक्टीरिया भी अलग हो जाते हैं। इसका प्रयोग सागर के तट पर स्थित रेगिस्तानों के लोग भी आसानी से कर सकते हैं। हमारे देश के भावनगर में स्थित केंद्रीय नमक और समुद्री रसायन अनुसंधान संस्थान के वैज्ञानिकों ने प्रतिलोम परासरण विधि को अधिक सुचारू बनाने में महत्वपूर्ण योगदान दिया है।

हिमीकरण विधि में सागर के पानी को बर्फ में बदला जाता है। इस दौरान भी पानी में घुले लवण अलग हो जाते हैं। प्रशांत महासागर में इन पिंडिकाओं की मात्रा अत्यन्त विशाल है। अगर किसी तरीके से हम उस महासागर की तली पर बिखरी पड़ी इन पिंडिकाओं को निकालकर उनसे विभिन्न धातुओं का सुचारू रूप से निष्कर्षण कर सकें तो हमें मैंगनीज की इतनी अधिक मात्रा प्राप्त होगी कि वह 4 लाख वर्षों तक पूरे विश्व की मांग की पूर्ति हेतु पर्याप्त होगी। इसी प्रकार पिंडिकाओं से प्राप्त हो सकने वाले कॉपर से 6 हजार वर्षों तक, कोबाल्ट की 2 लाख वर्षों तक, एलुमीनियम की 20 हजार वर्षों तक संपूर्ण विश्व की मांग पूरी हो सकेगी।

मरूस्थलीय क्षेत्रों हेतु योजना

मरूस्थलीय क्षेत्रों को ताजा पानी उपलब्ध कराने की एक अन्य विलक्षण योजना सुझाई गई है। वैज्ञानिकों के अनुसार ध्रुव प्रदेशों में जमें विशाल हिमखंडों को खींचकर मरूस्थलीय प्रदेशों तक लाने का सुझाव है। अमरीका के स्क्रिप्स ओशेनोग्राफिक इंस्टीट्यूट के अनुसार अंटार्कटिक सागर से 16 किलोमीटर और लगभग पौन किलोमीटर चौड़े हिमखंड को सऊदी अरब तक खींचकर लाने में दो माह लग सकते हैं। यहाँ उससे लगभग 250 अरब गैलन ताज़ा पानी मिल

सकेगा। इस पानी को प्राप्त करने का खर्च एक सेंट प्रति 3000 गैलन आता है जो वर्तमान तरीके से प्राप्त पानी की लागत से बहुत कम है। इस प्रकार अंटार्कटिक सागर से हिमखंडों को सौराष्ट्र के तट तक भी लाया जा सकता है और सौराष्ट्र तथा राजस्थान की जल की समस्या को हल किया जा सकता है।

सागर में किस्म-किस्म का पानी

हिंद महासागर में मोटे तौर पर चार किस्मों का पानी पाया जाता है (1) अंटार्कटिक महाद्वीप के निकट का ठंडा पानी, भूमध्य रैखिक प्रदेश का गर्म पानी, मध्य क्षेत्र का पानी और 1000 मीटर से अधिक गहराई पर पाए जाने वाला पानी। ये पानी आपस में निरंतर मिलते रहते हैं।

हिंद महासागर में सबसे गरम पानी लाल सागर में, सतह से 2000 मीटर नीचे "अटलांटिस खड्डु" में मिला है। इसका ताप 56°सें. है। समुद्री पानी के लिये यह ताप बहुत अधिक है। यदि हम इतने गरम पानी में हाथ डालें तो वह जल जाएगा। इतनी गहराई पर इतने गर्म पानी का पाया जाना उतना ही आश्चर्यमय है जितना एवरेस्ट चोटी पर गरम लू का चलना। वैज्ञानिकों का कहना है कि इस प्रकार की तली में ज्वालामुखी हैं तथा उसकी चट्टानें चुम्बकीय हैं। इन खड्डों में लगभग वैसा ही पानी है जैसा कि मिट्टी के तेल के कुओं में निकलता है।

समुद्री पानी में घुले लवणों की मात्रा बहुत अधिक, लगभग 3.5 प्रतिशत होती है। एक अत्यन्त प्रसिद्ध नियम के अनुसार सागर के पानी में प्रमुख तत्वों का आपेक्षिक अनुपात हमेशा बराबर रहता है चाहे पानी किसी भी सागर के, किसी भी स्थल से, लिया गया हो। यद्यपि समुद्री पानी में लगभग 60 (प्राकृतिक) रासायनिक तत्वों के लवण विद्यमान होते हैं, परन्तु इनमें 99 प्रतिशत लवण क्लोरीन, सोडियम मैग्नीशियम, गंधक (सल्फेट के रूप में) कैल्शियम और मैग्नीशियम के होते हैं। जैसा कि विदित है सागर के पानी में क्लोरीन और सोडियम के लवणों की मात्रा सबसे अधिक होती है और इनमें भी सबसे अधिक सोडियम क्लोराइड यानि नमक की।

सागर के पानी में अनेक गैसें यथा - कार्बन डाइ ऑक्साइड, नाइट्रोजन, ऑक्सीजन तथा दुर्लभ गैसें घुली हैं। इनमें सबसे अधिक मात्रा कार्बन डाइ ऑक्साइड की है। नाइट्रोजन की सांद्रता कार्बन डाइ ऑक्साइड की तुलना में एक चौथाई होती है और ऑक्सीजन की नौवा भाग वास्तव में सागर के पानी में कार्बन डाइ ऑक्साइड की इतनी अधिक सांद्रता के फलस्वरूप ही उसमें इतनी बड़ी संख्या में जीव पनप पाते हैं। जब कभी वायुमंडल में कार्बन डाइ ऑक्साइड का संतुलन बिगड़ जाता है तब सागर ही उसकी मदद करता है। भू-विज्ञानियों का यह मानना है कि विगत 6,20,000 वर्षों से सागर लगभग दस बार वायुमंडल की कार्बन डाइ ऑक्साइड की पूर्ति कर चुका है। सागर के पानी में घुली नाइट्रोजन जटिल प्रोटीनों के संश्लेषण के लिए भी आवश्यक है, जो सब जीवों के शारीरिक विकास और वंश वृद्धि के लिए भी अनिवार्य है।

सागर के पानी में घुले तत्वों में कदाचित सबसे महत्वपूर्ण है ऑक्सीजन। अधिकांश जातियों के समुद्री जीव पानी में घुली हुई ऑक्सीजन को ही ग्रहण करते हैं। यद्यपि ह्वेल या डाल्फिन जैसे जीव पानी की सतह पर आकर हवा में साँस लेते हैं। इसके अतिरिक्त समुद्री

वनस्पति भी ऑक्सीजन का उपयोग करती है। सागर के पानी में घुली ऑक्सीजन की आवश्यकता वनस्पति और जंतुओं के अवशेषों के विघटन के लिये भी होती है। इसलिए वैज्ञानिक किसी भी सागर के पानी में घुली ऑक्सीजन की मात्रा का परिमापन अवश्य करते हैं। उसकी मात्रा जितनी अधिक होगी, पानी में उतने ही अधिक जीव पनप सकेंगे। सागरों के पानी में ऑक्सीजन की इतनी अधिक मात्रा घुली हुई है कि उससे वायुमंडल को निरंतर बहुत बड़ी मात्रा में ऑक्सीजन मिलती रहती है। सारणी 5.3 में सागर के पानी में उपस्थित छह प्रमुख तत्वों की औसत मात्रा को तथा वायुमंडल एवं सागर के पानी में घुली प्रमुख गैसों के अनुपात को सारणी 5.4 में वर्णित किया गया है।

सारणी 5.3. सागर के पानी में उपस्थित छह प्रमुख तत्वों की औसत मात्रा

तत्व	प्रतिशत
क्लोरीन	55.02
सोडियम	30.60
गंधक (सल्फेट के रूप में)	7.71
मैग्नीशियम	3.68
कैल्शियम	1.17
पोटैशियम	1.13

सारणी 5.4. वायुमंडल एवं सागर के पानी में घुली प्रमुख गैसों का अनुपात

गैस	वायुमंडल में मात्रा (प्रतिशत)	समुद्री पानी में मात्रा (प्रति दस लाख)	समुद्री पानी में उपस्थित कुल मात्रा एवं वायुमंडल में उपस्थित कुल मात्रा के मध्य अनुपात
नाइट्रोजन	78.0	12.0	0.04
ऑक्सीजन	21.0	7	0.01
कार्बन डाइ ऑक्साइड	0.03	90.0	62.01

हिंद महासागर के उस भाग के पानी में जो अंटार्कटिक महासागर के निकट है, पानी में घुली हुई ऑक्सीजन की मात्रा सबसे अधिक है। यहाँ एक लीटर पानी में 7 मि.ली. ऑक्सीजन घुली हुई है। जब यह पानी उत्तर की ओर चलता है तब अपने साथ घुली ऑक्सीजन भी ले जाता है।

यद्यपि हिंद महासागर में सबसे अधिक खारा पानी लालसागर के डिस्कवरी खड्ड में हैं परन्तु महासागर में अत्यधिक खारे पानी की एक पट्टी भी है जो आस्ट्रेलिया के दक्षिण-पश्चिम से शुरु होकर दक्षिण अफ्रीका तक फैली हुई है और इसमें भी आस्ट्रेलिया के पास का पानी अपेक्षाकृत अधिक लवणीय है। दक्षिण-पश्चिम आस्ट्रेलिया के तटवर्ती समुद्र में 1000 भाग पानी में 36 भाग लवण घुले हुए हैं। वैसे हिंद महासागर में अधिक खारे पानी वाले और भी कई

क्षेत्र हैं जैसे- अरब सागर, ईरान की खाड़ी, लालसागर आदि। हिंद महासागर की उन खाड़ियों और समुद्र का पानी अपेक्षाकृत कम खारा है जिन पर वर्षा अधिक होती है अथवा जिनमें बहुत सी नदियाँ मिलती हैं। सागर के पानी में घुले फास्फेटों और नाइट्रेटों जैसे लवणों की मात्राएं भी सागर के जीवों की संख्या को बहुत प्रभावित करती हैं।

अरब सागर का पानी

उष्ण कटिबंधीय सागर होने से अरब सागर में वाष्पीकरण बहुत अधिक होता है। इससे उसके पानी की लवणता बहुत अधिक है, परन्तु अरबसागर में पानी की लवणता तथा ताप मौसम के साथ बदलते रहते हैं। जनवरी-फरवरी के दौरान अरबसागर की सतह के पानी का ताप सबसे कम, 24-25° सें. होता है जबकि जून में सबसे अधिक 28° सें. तक हो जाता है। अगस्त से नवंबर तक उसका ताप लगभग 26° सेल्सियस होता है।

यद्यपि इस सागर में सिंधु, नर्मदा और ताप्ती जैसी नदियाँ मिलती है पर उनके मीठे पानी की मात्रा इतनी नहीं होती कि वह इस सागर के पानी की लवणता को प्रभावित कर सके।

अरबसागर के पानी के ताप पर गहराई का भी प्रभाव पड़ता है। उसमें 750 मीटर गहराई पर लाल सागर का पानी पाया जाता है जिसका ताप लगभग 10° सेल्सियस पाया जाता है। उस पानी की लवणता 33.4 भाग प्रति एक हजार भाग है। कुछ समुद्र वैज्ञानिकों ने अरब सागर में 2000 से 4000 मीटर तक की गहराई पर ईरान की खाड़ी का पानी भी पाया है। इन जलों के मिलने से कुछ स्थानों पर अरबसागर के पानी की लवणता बहुत अधिक हो जाती है। ओमर की खाड़ी के मुख के निकट उत्तर पूर्वी मानसून के दौरान लवणता 36.89 प्रति एक हजार भाग तक हो जाती है। अरब सागर की तली के पानी का ताप 1.3° से 2° सेल्सियस और लवणता 34.69 से 34.77 तक है। समझा जाता है कि यह पानी अंटार्कटिक सागर से आता है।

श्रीलंका के दक्षिण में, अरब सागर के पूर्व से आने वाली उत्तरी भूमध्य रैखिक धारा का पानी मिलता है। वहाँ इन दोनों जलों को अलग-अलग पहचाना जा सकता है क्योंकि दोनों की लवणता तथा अन्य गुण भिन्न-भिन्न होते हैं। मानसून पवनों से होने वाली वर्षा का प्रभाव अरब सागर के पानी की लवणता पर पड़ता है तथा वर्षा ऋतु में लवणता 33 भाग प्रति एक हजार भाग हो जाती है।

अरबसागर (चित्र 5.2) के पानी में घुली हुई ऑक्सीजन की मात्राएं अलग-अलग गहराइयों पर भिन्न-भिन्न पाई गई हैं। 70 मीटर की गहराई पर पानी में घुली हुई ऑक्सीजन की अधिकतम मात्रा 4.74 मि.ली. प्रति लीटर है और 800 मीटर की गहराई पर 0.45 मिलीलीटर प्रतिलीटर। इससे अधिक गहराई पर ऑक्सीजन की मात्रा फिर बढ़ने लगती है और 2000 मीटर से अधिक गहराई पर, जहाँ अंटार्कटिक सागर का पानी विद्यमान है, यह मात्रा 3 मिलीलीटर प्रति लीटर तक हो जाती है। 5000 मीटर की गहराई पर यह मात्रा और बढ़ जाती है। वहाँ 4.2 मिलीलीटर प्रति लीटर तक ऑक्सीजन मौजूद है।

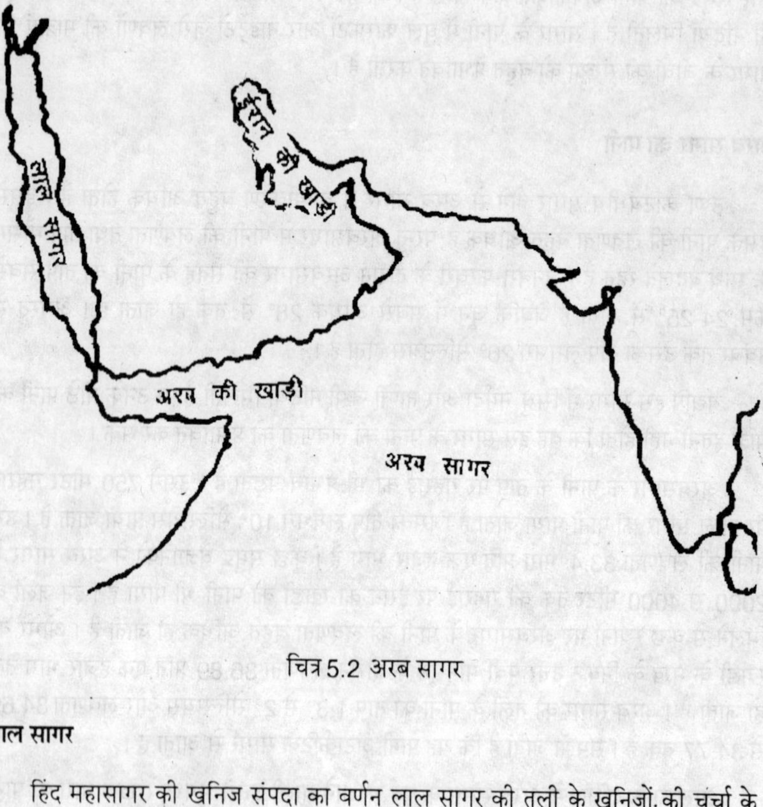

चित्र 5.2 अरब सागर

लाल सागर

हिंद महासागर की खनिज संपदा का वर्णन लाल सागर की तली के खनिजों की चर्चा के बिना अधूरा रहता है। अफ्रीका तथा एशिया महाद्वीपों को अलग करने वाली हिंद महासागर की यह शाखा काफी कम चौड़ी और अपेक्षाकृत उथली है। लालरंग के शैवाल और तली पर जमी लाल रंग की क्ले के कारण ही इस शाखा का नाम लाल सागर पड़ा।

यद्यपि अत्यन्त गरम थल खंडों के बीच और अत्यंत सूखे भाग में स्थित होने के कारण लाल सागर के पानी का ताप और लवणता बहुत अधिक है। गरम पानी के इन भंडारों की तली में 20 से 100 मीटर मोटी जमावटें हैं जिनमें धातु सल्फाइडों का बाहुल्य है। इन जमावटों में लगभग 20 प्रतिशत आयरन, 3 प्रतिशत जिंक, 1 प्रतिशत तांबा, है। इसके साथ ही विभिन्न मात्राओं में लैड, निकिल, क्रोमियम, कोबाल्ट, सोना, चांदी, मैंगनीज आदि धातुओं के खनिज भी मौजूद है।

भू विज्ञानियों के अनुसार लाल सागर एक युवा सागर है और यहाँ सागर की तली को फैलते हुए प्रेक्षित किया जा सकता है।

बंगाल की खाड़ी

अन्य सागरों की अपेक्षा बंगाल की खाड़ी में जल का स्तर अधिक घटता-बढ़ता है। चटगांव के निकट खाड़ी के जल के स्तरों में घट-बढ़ 1.25 मीटर तक हो जाती है। खाड़ी की तली में तलछट जमने से ऊंचे ज्वार भी उत्पन्न हो जाते हैं। साथ ही ऊँची-नीची लहरें भी उत्पन्न होती है। ये लहरें कभी-कभी 6 मीटर तक ऊँची हो जाती है।

बंगाल की खाड़ी (चित्र 5.3) में गंगा, ब्रह्मपुत्र, महानदी, गोदावरी, कृष्णा, कावेरी और इरावती नदियों द्वारा बड़ी मात्रा में लगभग 1250 घन किलोमीटर प्रतिवर्ष पानी लाया जाता है। इस पानी का प्रभाव नदियों के मुहानों के निकट के समुद्री जल के गुणों पर भी पड़ता है। उससे खाड़ी के पानी की लवणता कम हो जाती है। खाड़ी के मध्य भाग में लगभग 300 मीटर गहरे पानी में बहुत कम ऑक्सीजन, 0.1 मिलीलीटर प्रतिलीटर से भी कम पायी जाती है।

सरदियों में भारत के पूर्वी तट के निकट पानी के उत्तर की ओर बहने से 17° उत्तर अक्षांश के निकट पानी की लवणता, जो साधारणतया 33-34 भाग प्रति हजार भाग होनी चाहिए, गिरकर 28 भाग प्रति हजार भाग जितनी कम हो जाती है। लवणता में यह कमी मुख्यरूप से तटीय क्षेत्रों में ही आती है। गर्मी के मौसम में खाड़ी का पानी उत्तर की ओर बहता है। साथ ही नदियों का पानी भी अपेक्षाकृत कम मात्रा में आने से लवणता फिर बढ़ जाती है और लगभग 34 भाग प्रति हजार भाग तक पहुँच जाती है। इस प्रकार बंगाल की खाड़ी की सतह के पानी की लवणता मौसम के साथ बदलती रहती है। परन्तु अन्य सागरों के पानी की अपेक्षा संपूर्ण खाड़ी के पानी की औसतन लवणता कम है।

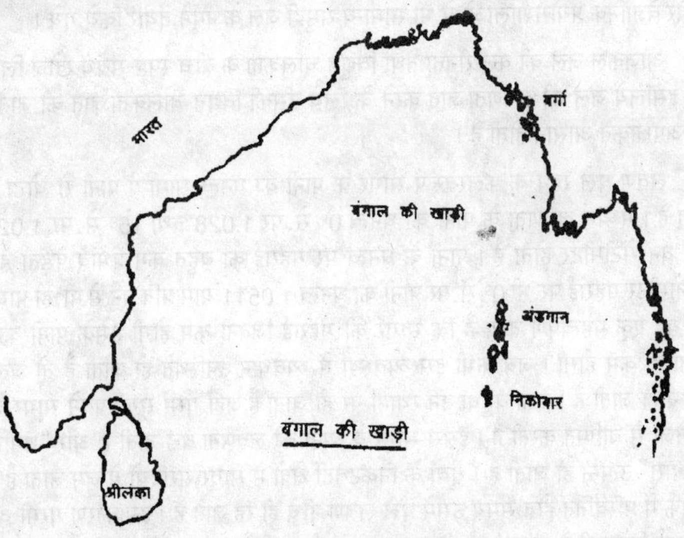

चित्र.5.3 बंगाल की खाड़ी

लवणता एवं सामान्य समुद्री जल

वैज्ञानिक पानी में घुले लवणों की मात्रा को 'लवणता' के रूप में मापते हैं। लवणता प्रति एक हजार भाग पानी में घुले लवणों की मात्रा है, बशर्ते पानी में उपस्थित कुल कार्बोनेटों को ऑक्साइडों में, कुल ब्रोमाइडों और आयोडाइडों को क्लोराइडों में परिवर्तित तथा सब कार्बनिक पदार्थों को ऑक्सीकृत कर लिया गया हो। सागर वैज्ञानिकों ने लवणता ज्ञात करने की एक परोक्ष विधि भी खोज निकाली है जिसमें सागर के पानी में घुले एक ऐसे पदार्थ की मात्रा ज्ञात कर ली जाती है जो बहुत अधिक मात्रा में विद्यमान होता है, यानि क्लोरीन। सागर के पानी में घुले ठोस पदार्थों में क्लोरीन आयनों की मात्रा लगभग 55 प्रतिशत होती है। क्लोरीन की मात्रा आसानी से ज्ञात भी की जा सकती है। इसका परिमापन करने से पानी की क्लोरीनता ज्ञात हो जाती है। प्रयोगों द्वारा पानी की लवणता एवं क्लोरीनता में सीधा संबंध पाया गया है।

$$\text{लवणता} = 0.03 + 1.805 \times \text{क्लोरीनता}$$

क्लोरीनता और लवणता दोनों ही एक किलोग्राम मात्रा में ज्ञात किए जाते हैं तथा दोनों ही ग्रामों में दर्शाएं जाते हैं। इसलिए वैज्ञानिकों ने उनको व्यक्त करने का एक आसान तरीका ढूंढ निकाला है। उन्हें 0/00 के रूप में लिखा जाता है और इसका अर्थ है "प्रति सहस्रांश" या "प्रति मिल्ले" (Mille)।

सागर के पानी की क्लोरीनता और उसके आधार पर लवणता ज्ञात करने के लिये "सामान्य (आदर्श) समुद्री जल" की आवश्यकता होती है। सबसे पहले यह जल कोपेन हेगन (डेनमार्क) स्थित जल सर्वेक्षण प्रयोगशाला में तैयार किया गया था। उसके आधार पर विश्व की अन्य सागर वैज्ञानिक प्रयोगशालाओं में भी सामान्य समुद्री जल के नमूने तैयार किये गये।

आजकल जल की क्लोरीनता तथा विद्युत चालकता के बीच स्पष्ट संबंध खोज लिया गया है। इसलिये जल की लवणता ज्ञात करने के लिये उसकी विद्युत चालकता ज्ञात की जाती है, जो कि अपेक्षाकृत आसान होती है।

लवण घुले रहने के फलस्वरूप सागर के पानी का घनत्व सामान्य पानी से थोड़ा अधिक होता है। मध्यम लवणता के पानी का घनत्व 0° सें. पर 1.028 तथा 15° सें. पर 1.026 ग्राम प्रति घन सेंटीमीटर होता है। पानी के घनत्व पर गहराई का बहुत कम प्रभाव पड़ता है। पाँच किलोमीटर गहराई पर भी 0° सें. पर पानी का घनत्व 1.0511 ग्राम प्रति घन से.मी. ही पाया जाता है। यह एक महत्वपूर्ण तथ्य है कि सागर की गहराई जितनी कम होगी उसके पानी का घनत्व उतना ही कम होगा। जब कभी इस व्यवस्था में व्यवधान उपस्थित हो जाता है तो जलधाराएं उत्पन्न हो जाती है। ऐसा बहुधा उन स्थानों पर हो जाता है जहाँ गरम सूखी पवनें सागर के पानी को तेजी से वाष्पित करती है। इससे सागर के पानी की लवणता बढ़ जाती है और "थर्मोहेलाइन जलधांरा" उत्पन्न हो जाती है। ध्रुवों के निकटवर्ती क्षेत्रों में सागर सरदियों में जम जाता है। पानी के बर्फ में परिवर्तित होते समय उसमें घुले लवण नीचे ही रह जाते हैं। इस कारण गरमी आने पर जब बर्फ पिघलती है, तब सागर की लवणता कम हो जाती है।

सागर की तली के नीचे दबे खनिज भंडार

हमारे देश के संदर्भ में हिंद महासागर से प्राप्त होने वाले खनिजों के बारे में सबसे महत्वपूर्ण घटना थी 26 जनवरी 1981 को भारतीय वैज्ञानिकों द्वारा मध्य हिंद महासागर से बहुधात्विक पिंडिकाएं निकालना। इससे भी महत्वपूर्ण कार्य पेट्रोल निकालने का है। तली के नीचे दबे खनिजों का विवरण इस प्रकार है।

(i) पेट्रोलियम

आज पेट्रोलियम को तरल या काले सोने की संज्ञा भी दी जाती है। इसकी बढ़ती उपयोगिता, विभिन्न देशों में इसका असमान वितरण और इसके घटते हुए भंडारों ने अनेक देशों को अपने निकटवर्ती सागरों में पेट्रोलियम ढूंढने को मजबूर कर दिया है। इसमें हमारा देश भारतवर्ष भी शामिल है। इसका यह अर्थ नहीं कि वर्तमान ऊर्जा संकट जिसने पहली बार 1973 में गंभीर रूप धारण किया था, से पहले सागर से तेल निकाला ही नहीं जाता था। रूस में बाकू के निकट सागर से तेल निकालने के प्रयत्न तो 18 वीं शताब्दी के पूर्वार्द्ध में ही आरंभ कर दिये गये थे। इन प्रयत्नों में कुछ हद तक सफलता भी मिली थी। उस समय से लेकर आज तक सागर से तेल निकाला जा रहा है। जिन देशों में ऐसा किया जाता है उनकी संख्या 80 से भी अधिक है। ऐसा समझा जाता है कि आजकल सागर की तली से विश्व के कुल पेट्रोलियम उत्पादन का लगभग 20 प्रतिशत भाग प्राप्त हो रहा है।

हिंद महासागर में स्वेज की खाड़ी, ईरान की खाड़ी, लालसागर, अरबसागर, बंगाल की खाड़ी, सुमात्रा, बोर्नियो, सारावाक और आस्ट्रेलिया के तटवर्ती सागरों में पेट्रोलियम के बड़े-बड़े भंडार है। इन क्षेत्रों में प्राकृतिक गैस के भी भंडार है। यद्यपि हमारे देश के निकटवर्ती दोनों सागरों - अरब सागर और बंगाल की खाड़ी में तेल के बड़े-बड़े भंडार हैं, परन्तु अभी तक अरब सागर, विशेष रूप से खंभात की की खाड़ी और मुंबई हाई, से ही तेल और प्राकृतिक गैस निकाली जा रही है।

अनगिनत करोड़ों वर्ष पहले नन्हें जीवधारी, जो प्राचीनकाल के समुद्रों के 'प्लैंकटन' थे, बड़ी-बड़ी परतों में इकट्ठे हो गए थे। ज्यों-ज्यों महाद्वीप ऊपर उठते गए, ये परतें बालू और मिट्टी के नीचे दबकर चट्टानों में बदल गई। इन पौधों और जानवरों के शरीर का तेल जमीन की गहराईयों में ही रह गया।

आज हम इन्हीं भंडारों तक कुआँ खोदते हैं (चित्र 5.4 अ, ब) और पेट्रोलियम फव्वारे के रूप में बाहर निकलने लगता है अथवा पानी की तरह जलराशि से ऊपर खींच लिया जाता है। कुछ तो समुद्रों के उथले पानी में तट से मीलों दूर खोदे गए हैं। हमारे देश में मुंबई हाई में वर्ष 1974 में कुआँ खुदाई का कार्य आरंभ हुआ और अप्रेल 1976 में पहले कुएँ से तेल निकाला जाने लगा।

चित्र 5.4 अ. समुद्र तट के पास छिछले पानी में तेल के कुएं

चित्र 5.4 ब. समुद्र मे पेट्रोलियम निष्कर्षण

तेल और प्राकृतिक गैस आयोग तथा ऑयल इंडिया लिमिटेड ने देश के पूर्वी तट पर कृष्णा व गोदावरी के डेल्टाओं के क्षेत्रों में भी व्यापक प्रयास किये हैं, परन्तु उनमें आशान्वित वृद्धि नहीं देखी गई हैं। यद्यपि हमारे देश में तेल का उत्पादन तेजी से बढ़ा हैं परन्तु मांग को देखते हुए यह बहुत कम है। इसलिए देश के थलीय क्षेत्रों के अतिरिक्त निकटवर्ती सागरों में भी तेल के भंडारों की खोज जारी है।

तटवर्ती सागरों में तेल भंडारों की खोज के लिए तेल और प्राकृतिक गैस आयोग अधिकाधिक जहाजों का उपयोग कर रहा है तथा बड़ी संख्या में प्लेटफार्म, रिंग तथा खोदने की युक्तियाँ एवं हेलीकाप्टर जुटा रहा है।

(2) **कोयला** (Coal)

सागर की तली में कोयले के बड़े भंडार हैं, परन्तु आम तौर पर उन्हीं भंडारों के उपयोग की कोशिश की जाती है जो तट के कोयला भंडारों के विस्तार मात्र हैं। सागर से कोयला निकालने के सबसे पहले प्रयास स्कॉटलैण्ड के तट पर वर्ष 1620 में किए गए थे। आज संसार के विभिन्न देशों में सागर की तली से कोयला निकाला जा रहा है। समझा जाता है कि आजकल विश्व के कुल कोयला उत्पादन का लगभग दो प्रतिशत भाग सागर की तली से प्राप्त किया जा रहा है। जापान और ब्रिटेन में 10 से 30 प्रतिशत तक कोयला सागर से ही निकाला जाता है। वहाँ ये भंडार तली के 250 मीटर नीचे स्थित हैं। आजकल उन भंडारों से ही कोयला निकाला जा सकता है जो तट से 25 किलोमीटर दूर तक स्थित हो। शीघ्र ही ऐसे उपकरण तैयार कर लिए जाएंगे जिनसे तट से 50 किलोमीटर दूर तक स्थित भंडारों से भी कोयला निकालना, संभव होगा।

तली पर जमावट

गहरे सागरों की तलियों के अधिकांश भाग पर महीन कीचड़ जमी हुई है। इस कीचड़ में सबसे अधिक मात्रा कत्थई रंग की 'क्ले' की है, इसे कुछ लोग लाल क्ले भी कहते हैं। इसके जमने की गति बहुत धीमी होती है, एक हजार वर्ष में केवल कुछ मिलीमीटर ही, परन्तु जितने विशाल क्षेत्र, लगभग 10 करोड़ वर्ग किलोमीटर क्षेत्र में यह विद्यमान है, उससे सहज ही इसकी मात्रा का अनुमान लगाया जा सकता है। इसमें 6 प्रतिशत तक लोहा और 9 प्रतिशत एलुमिनियम पाया गया है। इसके साथ ही इसमें निकिल, कोबाल्ट और टाइटेनियम की भी बहुत अधिक मात्रा मौजूद रहती है।

ऐसी कीचड़ को जिसमें जीवों के अवशेष बड़ी मात्रा में विद्यमान होते हैं, "ऊज" कहते हैं। कैल्शियम बहुल ऊज में उन जीवों के अवशेषों की मात्रा अधिक होती है जिनके खोल कैल्शियम कार्बोनेट के होते हैं। ऐसी ऊज में 95 प्रतिशत तक शुद्ध कैल्शियम कार्बोनेट हो सकता हैं। यह खनिज सीमेंट उत्पादन के लिये बहुत उपयुक्त सिद्ध हो सकता है।

सागर की गहराइयों में अनेके स्थानों पर ऊज एवं कत्थई “क्ले” साथ-साथ पाई जाती है। वैसे ऊज के जमने की गति कत्थई क्ले की गति से लगभग 10 गुनी अधिक होती है। उक्त प्रकार की ‘क्ले’ और ऊज हिंद महासागर के बड़े क्षेत्रों में भी तली पर जमी हुई है। परन्तु खुले गहरे सागर की तली की जमावटों में सबसे महत्वपूर्ण और बहुचर्चित पदार्थ है बहुधात्विक पिंडिकाएं। तली पर इनकी परतें नहीं है वरन् ये उस पर बिखरी पड़ी है। इन छोटी आलू जैसी (चित्र 5.5) अनियमित आकार की परन्तु अधिकतर गोलाकार पिंडिकाओं से गहरे सागरों की तली का लगभग 4.7 करोड़ वर्ग किलोमीटर क्षेत्र ढका हुआ है।

इन पिंडिकाओं की खोज सबसे पहले ‘चैलेंजर’ अभियान के दौरान हुई थी। इनमें आमतौर से मैंगनीज की मात्रा सबसे अधिक 15 से 50 प्रतिशत तक होती है। इसलिए इन्हें मैंगनीज पिंडिकाएं कहा गया, परन्तु इनमें लोहे, तांबे, निकिल, कोबाल्ट, क्रोमियम, जिंक आदि के लवण भी काफी मात्रा में मौजूद रहते हैं। और ये धातुएं मैंगनीज की तुलना में अधिक महत्वपूर्ण है। अतः आजकल इन्हें बहुधात्विक पिंडिकाएं भी कहा जाता है। ये पिंडिकाएँ किसी समुद्री जीव के अवशेष पर सागर के पानी में से अवक्षेपित होकर विभिन्न धातुओं के लवणों की परतों के जमने से बनती है। परतों के जमने की गति 1-2 मिलीमीटर प्रति 1000 वर्ष होती है।

ऐसा अनुमान है कि विभिन्न सागरों की तली पर लगभग 1,70,000 करोड़ टन बहुधात्विक पिंडिकाएं बिखरी पड़ी हैं। यद्यपि प्रशांत महासागर की तली पर इनकी सांद्रता सबसे अधिक 1.45 ग्राम प्रति वर्ग सेंटीमीटर तक है, परन्तु हिंद महासागर में भी इनकी सांद्रता कम नहीं

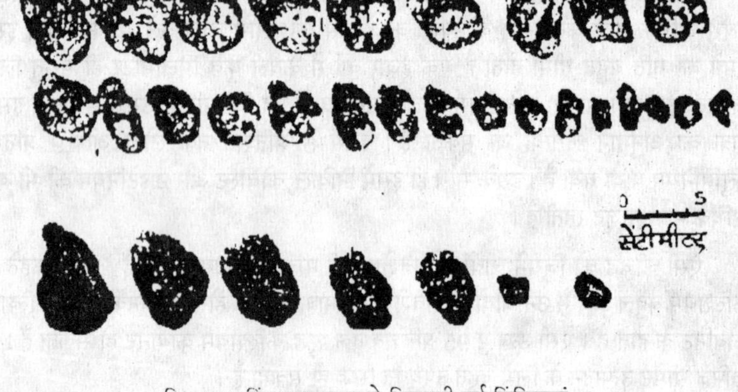

चित्र 5.5 हिंद महासागर से निकाली गई पिंडिकाएं

है, वरन् 5 किलोग्राम प्रति वर्ग मीटर है। हिंद महासागर की तली पर सतह से 3.5 से 6 किलोमीटर नीचे, एक करोड़ 50 लाख वर्ग किलोमीटर क्षेत्र में ये पिंडिकाए बिखरी पड़ी हैं। विभिन्न महासागरों के बहुधात्विक पिंडिकाओं की औसत संरचना को सारणी 5.5 में दर्शाया गया है। वर्ष 1981 में पहली बार हमारे देश के वैज्ञानिकों ने मध्य हिंद महासागर की एक गहरी बेसिन से इन पिंडिकाओं के नमूने निकालने में सफलता प्राप्त की थी।

सारणी 5.5. विभिन्न महासागरों के बहुधात्विक पिंडिकाओं की औसत संरचना

घटक	दक्षिणी प्रशांत महासागर	उत्तरी प्रशांत महासागर	पश्चिमी हिंद महासागर	अंध महासागर
मैंगनीज	16.61	12.29	13.56	16.18
आयरन	13.92	12.00	15.75	21.82
निकिल	0.433	0.422	0.322	0.297
कॉपर	0.185	0.294	0.102	0.109
कोबाल्ट	0.595	0.144	0.358	0.309

हिंद महासागर में पाई जाने बाली पिंडिकाएं काले गहरे भूरे रंग की औसत 8 सेंटी मीटर तक लंबी और लगभग 200 ग्राम तक की भारी हैं। हमारे वैज्ञानिकों द्वारा निकाली गई पिंडिकाओं में निकिल, कॉपर, कोबाल्ट आदि धातुएँ भी मौजूद हैं। हिंद महासागर की बहुधात्विक पिंडिकाएं हमारे देश के लिये अत्यन्त महत्वपूर्ण सिद्ध हो सकती है। यदि हम उन्हें पर्याप्त पैमाने पर निकाल सकें तो अनेक धातुओं की हमारी मांग हजारों वर्षों तक पूरी हो सकेगी। देश के आर्थिक विकास को देखते हुए इनकी खोज और उपयोग के लिये देश में अनुसंधान कार्यों पर बल दिया जा रहा है तथा इस बारे में देश की अनेक राष्ट्रीय प्रयोगशालाओं व अनुसंधान संस्थाओं ने सर्वेक्षण व शोधकार्यों में अपनी महत्वपूर्ण सेवाएँ प्रदान की हैं।

भारत के पूर्वी तट पर भी इल्मेनाइट, जिरकोन, मैग्नेटाइट आदि के खनिजों से युक्त जमावटें हैं। ये जमावटें तमिलनाडु के तैन्नावली, रामनद और तंजाबूर जिलों में, आंध्र प्रदेश के विशाखापत्तनम, वाल्टेयर, तथा उड़ीसा के कटक और गंजम जिलों के तटों पर स्थित हैं। इसी प्रकार कच्छ की खाड़ी और केरल में चूनामय रेत, कोरल, और समुद्री जीवों के खोलों की विशाल जमावटें हैं। लक्षद्वीप और अंडमान द्वीप समूह तथा मन्नार की खाड़ी और वाक मुहाने के उथले सागर में भी कोरल तथा अन्य चूनामय जमावटें है। भारतीय उपमहाद्वीप के तटवर्ती सागरों में कुछ स्थानों पर फास्फेराइट पिंडिकाएं भी विद्यमान हैं। देश के महान अनुसंधान पोत "गवेषणी" को चित्र 5.6 में दर्शाया गया है।

चित्र 5.6 देश का महान अनुसंधान पोत "गवेषणी"

भारत एक अग्रणी निवेशक

समुद्र विधि पर संयुक्त राष्ट्र के तृतीय कानून सम्मेलन ने 30 अप्रैल 1982 को एक प्रस्ताव पारित किया। इसके अनुसार चार देशों, क्रमशः भारत, फ्रांस, जापान तथा रूस एवं चार बहुराष्ट्रीय कंपनी संगठनों को गहरे सागर से बहुधात्विक पिंड निकालने के संदर्भ में अग्रणी निवेशक (Pioneer investor) के रूप में मान्यता दी गई। अपनी उक्त महत्वपूर्ण उपलब्धि के फलस्वरूप भारत को इन देशों में शामिल किया गया है। वस्तुतः भारत ही एकमात्र विकासशील देश है जिसे यह गौरव प्राप्त हुआ है।

17 अगस्त 1987 को संयुक्त राष्ट्र संघ की संस्था अंतरराष्ट्रीय समुद्र संस्तर प्राधिकरण के लिये विरचन आयोग ने मध्य हिंद महासागर में एक खान स्थल के पंजीकरण और आवंटन पत्र को सर्व सम्मति से स्वीकार कर लिया है और 150,000 वर्ग किलोमीटर के एक क्षेत्र का आवंटन करने का भी निर्णय किया। इस निर्णय से भारत को गहरे समुद्र तल के उन संसाधनों की खोज करने और विकसित करने का एकछत्र अधिकार मिल गया है जिनमें बहुधात्विक पिंडिकाओं के प्रचुर भंडार है और जो कॉपर, कोबाल्ट, निकिल तथा मैंगनीज जैसे महत्वपूर्ण खनिजों के स्रोत हैं। हमारे देश के समुद्र वैज्ञानिकों एवं इंजीनियरों ने इस क्षेत्र में उत्कृष्ट कार्य करके एक कीर्तिमान स्थापित किया है। समुद्र की तलहटी से बहुधात्विक पिंडों की निकासी को चित्र 5.7 अ एवं 5.7 ब में दर्शाया गया है।

जीव-जंतुओं में संचित खनिज

खनिज केवल सागर के नीचे, उसकी तली पर अथवा उसके पानी में ही उपस्थित नहीं होते, वे सागर के विविध जीवों के शरीर में भी संचित होते रहते हैं। सागर के पानी में उन लवणों की, जो रंचों में - एक भाग प्रति दस लाख भाग या उससे भी कम मात्रा में मौजूद रहते हैं, सांद्रता का नियंत्रण तो जीव-जंतु ही करते हैं। अनेक समुद्री जीवों में इन रंच लवणों को अपने शरीर में संचित करने की विलक्षण क्षमता होती है। कुछ "सी स्कर्ट" जैसे जीव अपने आसपास के समुद्र जल की तुलना में 2,80,000 गुना अधिक वैनेडियम संचित कर सकते हैं। प्लैंकटन और समुद्री शैवाल भी इसी प्रकार के जीव हैं। उदाहरण के तौर पर शैवालों को जलाने पर उनकी राख के एक किलोग्राम में 560 मिलीग्राम वैनेडियम 1000 मिलीग्राम लोहा, 3000 मिलीग्राम टाइटेनियम, 50 मिलीग्राम आयोडीन और 0.0014 मिलीग्राम सोना आदि पाए गए हैं। मृत मछलियों की अस्थियों में भी धातुएँ संचित होती रहती हैं। एक किलोग्राम हड्डियों में 700 मिलीग्राम सीसा, 1000 मिलीग्राम टिन तथा 3,000 मिलीग्राम तांबा आदि पाए गए हैं।

मोती - समुद्र का सुन्दर उपहार

समुद्र के किनारे पड़ी हुई सीपी अपने साथ मोती ले जाती है। न्यू इंग्लैण्ड के पुराने परिवां

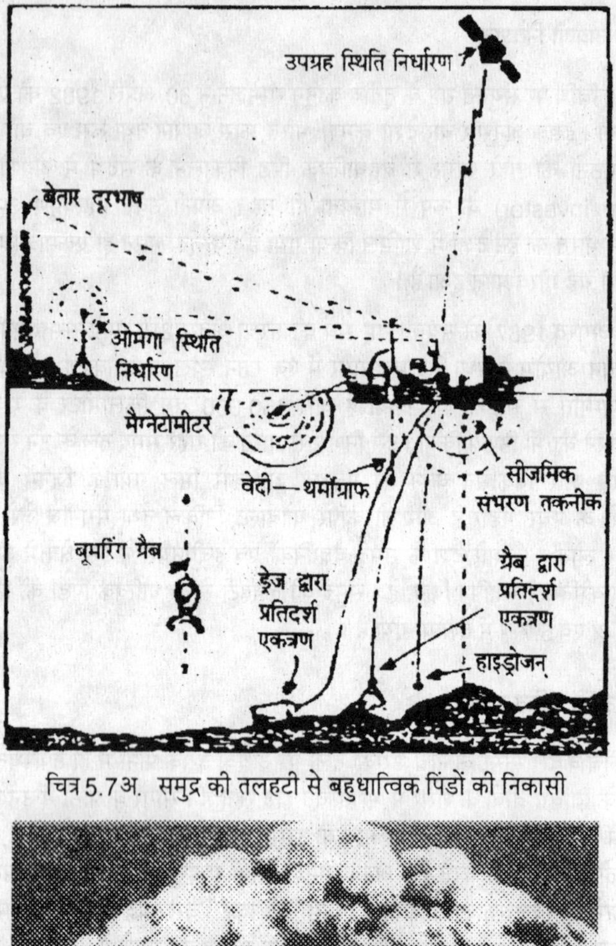

चित्र 5.7अ. समुद्र की तलहटी से बहुधात्विक पिंडों की निकासी

चित्र 5.7ब. समुद्र की गहराई से निकाला बहुधात्विक पिंड

के पास विचित्र प्रकार की सीपी हैं। वे पालों से चलाए जाने वाले किसी जहाज में वर्षों पहले चीन या सुदूर पूर्व के देशों से लाई गई थी। जीवधारियों के एक परिवार के अनगिनत प्राणियों के शरीर पर छिलके होते हैं। वैज्ञानिक इस परिवार को "मोलस्क" (Molusc) कहते हैं। कीट-पतंगों को छोड़कर छोटे जीवधारियों में इनकी संख्या सबसे अधिक होती है। इनके शरीर मुलायम होते हैं और अधिकांश जीवधारी इन छिलकों को अपने चारों ओर अस्थिपंजर या शत्रुओं के विरुद्ध कवच की तरह विकसित कर लेते हैं।

मोती विश्व का सबसे सुंदर रत्न है। अन्य रत्नों की भाँति जेवरों में प्रयोग करने के लिए इसे तराशनें की आवश्यकता नहीं होती है। यह मुख्य रूप से समुद्र में ही मिलता है तथा इसको भी सीप ही बनाती है। इन सीपों की खोल की दीवारों पर अंदरूनी सतह चिकनी तथा चमकदार होती हैं। वस्तुतः ये बहुत ही चमकदार पदार्थ से बनी होती हैं, इसे कहते हैं -'मुक्तासार' या मोतियों की माता।

सीप को जब भोजन की इच्छा होती है तब वह अपने खोल को जरा-सा खोलकर पानी अंदर ले लेती है। उस पानी में विद्यमान जीवों को तो सीप खा लेती है और पानी को बाहर निकाल देती है। कई बार पानी के साथ रेत के कण अथवा अवांछित कीड़े भी अंदर चले जाते हैं। अंदर आकर ये सीप के शरीर पर घाव करने लगते हैं। सीप रेत के कणों अथवा कीड़ों को हटा तो नहीं सकती, परन्तु उसके इर्द-गिर्द मुक्तासार को वह जमाती जाती है। धीरे-धीरे वह कीडा या कण उस सुन्दर चमकदार पदार्थ में पूरी तरह बंदी बन जाता है। कण के इर्द-गिर्द लिपटे मुक्तासार के सूखने पर मोती बन जाता है।

यद्यपि कई प्रकार की सीपें मोती बना सकती हैं, परन्तु सुन्दर रत्न की भांति इस्तेमाल किए जा सकने वाली मोती तो मोती की सीप (Pearl Oaster) ही बनाती हैं। बहुत से मोती खोल से चिपट जाने के कारण पूरी तरह सुड़ौल नहीं बन पाते हैं। मोती लालसागर, ईरान और कैलिफोर्निया की खाड़ियों में तथा इंडोनेशिया, जापान, आस्ट्रेलिया, पनामा और वेनेजुएला के निकटवर्ती समुद्रों में मिलते हैं। हमारे देश में मोती मन्नार की खाड़ी (श्रीलंका द्वीप तथा भारत के बीच में स्थित) में पाए जाते हैं।

मोलस्कों के छिलके

कुछ मोलस्कों में कांटेदार छिलके होते हैं। ऐसा इसलिए होता है कि भूखी मछलियाँ उन्हें खा न जाएँ। इसी प्रकार कई मोलस्कों में दो छिलके होते हैं। वे आपस में दरवाजों के कब्जों की तरह चिपककर बैठ जाते हैं। इनमें से कुछ मोलस्क चिड़िया मारने वाले छर्रों के समान छोटे होते हैं। इनके छिलकों को कई कार्यों में प्रयोग किया जाता है। कुछ से खूबसूरत तश्तरियाँ, राखदान और शराब पीने के गिलास बनते हैं। प्रशांत महासागर के द्वीपों के आदिवासी उनका उपयोग लैपों या चाय की केतली के रूप में करते हैं। फिलीपीन द्वीप समूह में खिड़कियों के शीशे प्रायः इन्हीं छिलकों से बनते हैं। इनसे सींग और बिगुल भी बनते हैं। ग्रांड बैंक्स के मछुए कोहरे में

जहाजों को चेतावनी देने के लिये शंख बजाते हैं। हमारे देश में एक प्रकार का शंख पूजा के समय बजाया जाता है। शंख ध्वनि का वैज्ञानिक दृष्टि से भी बहुत महत्व है। क्लैम के बड़े-बड़े छिलके कैथोलिक गिरजाघरों में पवित्र पानी भरने के काम आते हैं।

समुद्र की ओस एवं खान

छिलकों के सबसे सुंदर उत्पादन मोती हैं। वे लगभग उसी वस्तु से और उसी विधि से बनते हैं जैसे दूसरे छिलके। प्रायः उन्हें 'समुद्र की ओस' कहा गया है ; क्योंकि वे इंद्रधनुष का हर रंग प्रतिबिंबित करते हैं। हीरों और लाल मणियों को काटना तथा तराशना पड़ता है। इसके विपरीत मोती प्रकृति का एक ही आदर्श मूल्यवान पत्थर है। छिलकों का उपयोग रूपयों -पैसों की जगह काम में लाया जाता है। कुछ छिलके बहुत दुर्लभ होते हैं। ब्रिटिश म्यूजियम में एक छिलका रखा है, जो विश्व का अकेला उदाहरण है। एक और शंकु के आकार का छिलका 'समुद्र की खान' कहलाता है। इसी प्रकार कई छिलकों की कीमत कई डालर होती है।

मलबा निक्षेप

ये भंडार उन चट्टानों के कारण हैं जो समुद्र में विभिन्न परिवर्तनों के दौर से गुजरी हैं। इनसे भवन निर्माण की सामग्री बहुतायत से प्राप्त की जा सकती है। दक्षिणी-पश्चिमी अफ्रीका के

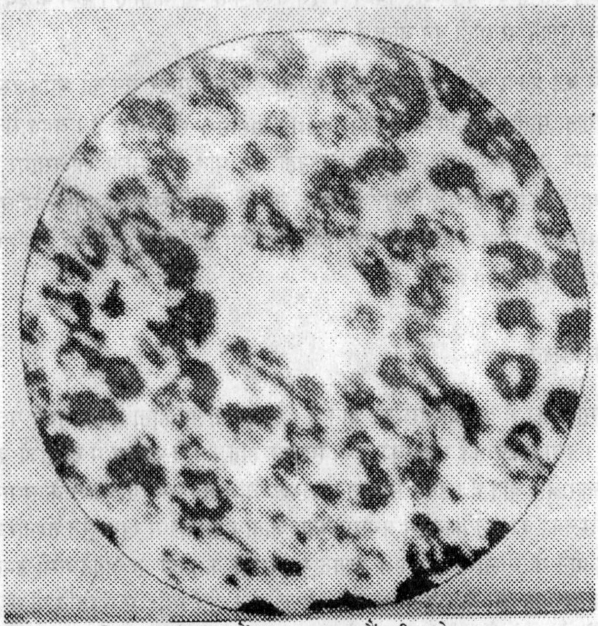

चित्र 5.8. समुद्र में लड्डू सदृश मैंगनीज नोड्यूल

किनारों पर भी ऐसी सामग्री काफी मात्रा में मिल सकती है। इस तरह के क्षेत्रों की खोज जल के भीतर ध्वनि संबंधित यंत्रों से सरलता से की जा सकती है तथा यह गूंज के सिद्धान्त पर आधारित है। इसमें निश्चित अवधि पर ध्वनि की जाती है और वह अपने मार्ग के अवरोधों से टकराकर वापस लौटती है। वापस लौटने वाले ध्वनि संकेतों के आधार पर जल के अंदर चट्टानों आदि की स्थिति का सरलता से अंदाज लगाया जा सकता है।

शार्क के दांतों व ह्वेल की हड्डियों में फॉस्फोरस

प्रत्येक जीवधारी के लिये फास्फोरस एक अनिवार्य तत्व है। सागर वैज्ञानिकों ने पता लगया है कि जापान, आस्ट्रेलिया, दक्षिण अफ्रीका और संयुक्त अमेरिका के तटवर्ती समुद्री की तली पर फास्फोरस यौगिक छोटी-छोटी गोलियों, चपटी सिल्लियों और बड़े-बड़े लड्डूओं के रूप में पड़े हैं। चूंकि ये बहुत गहराई पर नहीं है इसलिये इन्हें आसानी से निकाला जा सकता है। शार्क के दांतों तथा ह्वेल की कान की हड्डियों में भी लगभग 35% फास्फोरस युक्त खनिज विद्यमान होते हैं।

सागर की तली में लड्डू के सदृश खनिज

कुछ पदार्थ ऐसे भी होते हैं जो पानी में घुलते नहीं। अंतरराष्ट्रीय भू-भौतिक वर्ष के दौरान लिए गए समुद्र की तली के चित्रों से पता चला है कि पूर्व प्रशांत महासागर की तली में इतना मैंगनीज, कोबाल्ट, तांबा और निकिल है कि वह हमारे उद्योगों के लिए लाखों वर्ष तक पर्याप्त होगा (चित्र 5.8)।

इन खनिजों में आलू के बराबर बड़े, काले अथवा कत्थई रंग के लड्डू वहाँ पड़े हैं। सबसे पहले चैलेंजर ने ऐसे कुछ लड्डू अंध महासागर, प्रशांत महासागर तथा हिंद महासागर की तलियों में से निकाले थे। अमेरिकी वैज्ञानिकों ने इनका विश्लेषण कर पाया कि इनमें 50% तक मैंगनीज है, जबकि तांबा, कोबाल्ट और निकिल प्रत्येक की मात्रा लगभग 2 प्रतिशत है।

अध्याय - 6

औषधियों के कुबेर है - सागर

हमारे पुराणों में उल्लेख है कि समुद्र मंथन द्वारा अनेक वस्तुओं की प्राप्ति हुई थी, जिसमें चौदह रत्न भी थे इसलिए सागर को रत्नाकर भी कहते हैं वस्तुतः सागर रत्नों से भी अधिक बहुमूल्य और अद्भुत औषधियों का भी कुबेर है, जिनकी कुल कीमत आंकी जाए तो वह विश्व के सभी रत्नों के सम्मिलित मूल्य से कई करोड़ गुना अधिक है, इसलिए इसे ओषधाकार भी कहा जा सकता है। प्रायः औषधीय कार्य के लिए पादपों तथा पशुओं के सारतत्वों का प्रयोग करना उतना ही पुराना है जितना कि मानव इतिहास। पृथ्वी पर जितने भी प्रकार के जंतुओं और वनस्पतियों से औषधियाँ प्राप्त होती हैं उससे बहुत अधिक संख्या, मात्रा और गुणों की गतिविधियाँ सागर के जंतुओं, पौधों एवं निर्जीव पदार्थों से प्राप्त हो सकती हैं। क्योंकि भूमि पर पाए जाने वाले कुल पौधे एवं पशु मात्र 20% ही हैं। महासागर संपूर्ण धरातल के 71% भाग में फैले हुए हैं। इनमें विविध प्रकार के पौधे तथा पशु प्रचुर मात्रा में हैं। नितांत असमान पर्यावरणीय दशाओं के अंतर्गत समुद्र में वनस्पति जाति और फाइला थ्राइव की तीस से भी अधिक वर्गों में विभाजित की गई। अनुमानतः पाँच लाख या इनसे भी अधिक प्रजातियाँ हैं जो भूमि पर पाई जानेवाली प्रजातियों से बहुत भिन्न हैं। क्योंकि महासागर के जीव अलग-अलग कठिन पर्यावरणीय दशाओं में अपने आप को ढाल लेते हैं, इसलिए इनके गुण भिन्न हैं तथा औषधीय गुण अलग एवं प्रबल भी हैं।

समुद्री जीवों का रसायन विज्ञान, उनके भौमिक प्रतिरूपों से कई बातों में भिन्न है। चूंकि विकासमूलक क्रम में बहुत से समुद्री जीव भौमिक जीवों की अपेक्षा बहुत नीचे होते हैं, इसलिये उनमें गौण उपापचयज प्रचुर मात्रा में पाए जाने की आशा होती है। उदाहरण के तौर पर स्थलीय जीवों में जैसे - हैलोजनी यौगिक, फ्लोरिन, क्लोरीन, ब्रोमीन, आयोडीन तथा ऐस्टेटीन के यौगिक कम ही पाए जाते हैं, जबकि हिंद महासागर के जल में क्लोरीन व ब्रोमीन उच्च सांद्रण में विद्यमान होने के कारण समुद्री जीवों में इनके यौगिक बहुत अधिक मात्रा में उपस्थित होते हैं। इन यौगिकों में प्रतिजैविक सक्रियता (Antibiotic activity) अधिक होने के कारण समुद्री जीवों में भी ये गुण आ जाते हैं। इसी प्रकार समुद्री जीवों में स्टेरॉल भी प्रचुर मात्रा में पाए जाते हैं। इनमें से कुछ

तो अद्वितीय होते हैं और जब उनके भू-व्युत्पन्नों से उनकी तुलना की जाती है तो उनके तुल्य कोई भी नहीं होता है।

एंटीफर्टिलिटी कर्मकों (Anitfertility agents) और कोर्टिकॉयडों (Cortecoids) (यौन हार्मोन) सहित विभिन्न दवाओं को बनाने के लिये स्टेरॉयडों के प्रयोग करने में बहुत वृद्धि हुई है। ऐसे क्रियाकलापों से स्टेरॉयड निर्माण में प्रयोग में आनेवाली सामग्री की अत्यन्त कमी हो गई है। समुद्री साधनों से प्राप्त स्टेरॉयडों को स्टेरॉयड का उत्पादन करने वाले पदार्थों के रूप में प्रयोग किया जा सकता है। मानव शरीर में सूक्ष्म मात्रा में पाए जाने वाले प्रोस्टाग्लेन्डिस अत्यन्त सूक्ष्म होते हैं। और मानव जीवन की प्रक्रियाओं में अत्यधिक भूमिका निभाते हैं। ये गार्गेनियो (Seafans) और सॉफ्ट कोरल (Soft Coral) में बहुत अधिक मात्रा में होता है। अंततः कई टॉक्सिन (जैसे टेट्राडोक्सिन एवं सॉक्सि टॉक्सिन) बड़े शक्तिशाली होते हैं, जिनका उत्पादन बड़ी असामान्य संरचनाओं वाले समुद्री जीवों द्वारा किया जाता है। ये केन्द्रीय तंत्रिका तंत्र (Nervous System), हृदय की वाहिकाओं के रोग तथा साँस की बीमारियों के लिये प्रबल कारगर, औषधियों के मूलाधार हैं। ऐगार-ऐगार, केरागीनन, कॉड-लीवर आयल (यकृत तेल), सोडियम मोरहुलेट, पोटामीन सल्फेट, इक्थामोल और एल्जिनेट जैसे बहुपयोगी पदार्थ पहले से ही सागर से प्राप्त हो रहे हैं।

सागर से प्राप्त होने वाले एल्जिनेट से हम अच्छी तरह परिचित है। मुंह में जाते ही मीठे स्वाद और ठंडक के साथ घुल जाने वाले जायकेदार आइसक्रीम में एल्जिनेट ही तो उसे क्रीमी स्वाद प्रदान करता है। एंटीबायोटिक में एक नये उत्पाद सेफलोस्पोरिन ने, जिसे पहले समुद्री जीवों से अलग किया था, हृदय रोपण तथा शरीर के अन्य अंगों के प्रतिस्थापन की शल्य क्रियाओं को बहुत ही आसान बना दिया है- जिसकी शल्यक्रिया करना बहुत मुश्किल काम माना जाता था। इसी प्रकार कई मिश्रणों से ट्यूमररोधी औषधियों का विकास करने के लिये बड़े आशाजनक परिणाम प्राप्त हुए हैं। इसके अतिरिक्त कैंसर, एड्स, हर्पीज तथा अन्य कई रोगों के इलाज से संबंधित औषधियाँ भी सागर के पास उपलब्ध हैं। कई ऐसे समुद्री जीवों की पहचान कर ली गई हैं। जिनमें जैव अविषालु पदार्थ पाए जाते हैं। परन्तु इनमें से एक प्रतिशत से भी कम की जैव सक्रियता के लिये जाँच की गई है।

वर्ष 1978 तक जब राष्ट्रीय समुद्र विज्ञान संस्थान, गोवा तथा केंद्रीय औषध अनुसंधान संस्थान, लखनऊ द्वारा संयुक्त रूप से एक परियोजना आरंभ की गई, हिंद महासागर के जीव जगत् में फार्मास्युटिकल संभावनाओं के बारे में बहुत कम जानकारी थी, उसके बाद अमेरिका भारत निधि (U.S.I.F.) का इस्तेमाल करके अमेरिका के सहयोग से इस परियोजना का विस्तार किया गया। इस परियोजना का शीर्षक था- "हिंद महासागर से जैव सक्रिय पदार्थ", तथा इसमें राष्ट्रीय समुद्र विज्ञान संस्थान, गोवा, केंद्रीय औषध अनुसंधान संस्थान, लखनऊ तथा बोस संस्थान, कोलकात्ता को भारत की तीन प्रतिभागी संस्थाओं के रूप में तथा स्टिवेश इंस्टीट्यूट ऑफ टेक्नोलॉजी, होबोकेन, न्यूजर्सी, द यूनिवर्सिटी ऑफ सदर्न कैलिफोर्निया, लॉस एंजेल्स और द ओसबोर्न लैबोरेटरीज, न्यूयार्क तीन अमेरिकी सहयोगियों के रूप में सम्मिलित हुए। यह

परियोजना वर्ष 1985 में आरंभ की गई। अब तक किसी भी नई औषधि का विकास नहीं हुआ हैं, क्योंकि एक नई औषधि का विकास करना एक लंबी प्रक्रिया है, जिसमें दस-बीस वर्ष का समय भी लग सकता है। तथापि प्राप्त परिणामों से भारत में किए जानेवाले आगामी कार्य के लिये एक ठोस आधारशिला की भी स्थापना हुई है।

पौराणिक कथाओं में समुद्र मंथन के बारे में भी उल्लेख किया गया है, जिससे इस बात की भी संपुष्टि हो जाती है कि सागरीय संपदा से औषधि प्राप्त करना नई बात नहीं है। उदाहरण के रूप में, समुद्र के पानी की ही विशेषता में यहाँ तक वर्णित है कि इसको कुष्ठरोग, पाचन नली के घाव आदि में प्रयोग करते हैं।

प्राचीन औषधिविज्ञान की विभिन्न शाखाओं जैसे - आयुर्वेदिक, यूनानी, सिद्ध पद्धतियों आदि में सागरीय संपदाओं के विशेषकर जंतु जैसे - मुक्ता (Pearl), शुक्ति (Oysters), घोंघा, कौडी, शंख (Conch), प्रवाल (Coral), अंबर (Amber) एवं नमक (Salt) आदि के वर्णन कई प्रकार के रोगों के निवारण में मिलते हैं।

सागरीय संपदाओं के औषधीय गुण

(i) मुक्ता एवं शुक्ति

आयुर्वेद में 'मुक्ता' से कई प्रकार की औषधियाँ जैसे - मोती भस्म, मोती भस्म नं.-1, मोती भस्म (चंद्रपुटित), मोती पिष्टी, मोती पिष्टी, सर्वोत्तम नं. 1 तथा मुक्ता एवं शुक्ति के मिश्रण से मुक्ता शुक्ति पिष्टी आदि दवाइयाँ आज भी बाजार में उपलब्ध हैं, जिन्हें अनेक प्रकार के रोगों के उपचार में प्रयोग में लाया जाता हैं। इसी प्रकार सिद्ध चिकित्सकों द्वारा मुक्ता का योग मुत्थु बरपाम (Muthu Barpam) तथा शुक्ति का प्रयोग मुत्थू चिप्पी बरपाम (Muthu Chippi Barpam) ओषधि बनाने में होता है। इस प्रकार बने बरपाम को सभी प्रकार की बवासीर (Piles), खाँसी (Cough) तथा क्षय (kshya) आदि को ठीक करने में उपयोग करते हैं।

शुक्ति (Oysters) के कड़े छिलकों (Shell) से एक प्रकार का मल्हम बनाया जाता है, जिसे ऐड़ी में पड़ी दरारों, बिवाई के उपचार के लिये प्रयोग करते हैं। इसी से तैयार की गई भस्म अतिसार (Diarrhoea), दीर्घस्थायी आंतड़ी अव्यवस्था (Chronic intestinal disorder) में भी प्रयोग होती है।

(ii) घोंघा, कौड़ी व शंख

हिंदुओं की पूजा में ध्वनि अवतरण में प्रयोग होने वाला शंख, जैंकस पाईरम (Xancus pyrum), भारत के सभी समुद्र तटीय क्षेत्रों में पाया जाता है। इस समूह के जंतुओं को उनके कड़े छिलकों के आधार पर वर्गीकृत किया जाता है। सिद्ध पद्धति के अनुसार इनसे बरपाम बनाया जाता है, जिसे बवासीर (Piles), खाँसी (Cough), आमाशय अव्यवस्था (Stomach disorder), गले की बढ़ी घंटी (Enlarged tonsils) आदि रोगों में प्रयोग किया जाता है। शुद्धिकरण के पश्चात् बरपाम का प्रयोग बुखार एवं नेत्र रोग में भी होता है।

तकनीकी रूप से शंख, समुद्री जीव घोंघे का आवास स्थान या उसका खोल मात्र है, जिसे वह अपनी सुरक्षा के लिए समुद्र में उपलब्ध चूने से स्वयं बनाता है। इस समुद्री जीव के रीढ़ की हड्डी नहीं होती और शारीरिक रूप से यह बहुत नाजुक होता है। इसलिए उसे अपनी सुरक्षा हेतु इस प्रकार का मजबूत खोल आवश्यक है। उसकी कुछ ग्रन्थियां पानी से चूना लेने और उसे अपने शरीर के ऊपर आवश्यकता के अनुसार आकृति देने में सक्षम होती हैं। घोंघे की मृत्यु हो जाने के उपरान्त ये शंख तैरते हुए पानी से ऊपर आ किनारे पर आ जाते हैं। वहीं से इन्हें एकत्रित किया जाता है। शंख हमें कई रंगों में प्राप्त होते हैं। कुछ शंखों पर अन्य रंगों की धारियां भी होती है। शंख की आकृति भी अनेक प्रकार की होती है। अब तक इसकी हजारों प्रकार की आकृतियों का अध्ययन किया जा चुका है। कौड़ियां आदि भी घोंघे की ही खोल है। जन्तु वैज्ञानिकों के अनुसार समुद्र में शंख जाति के जीव ही सर्वाधिक मात्रा में पाए जाते हैं। यह भारतीय संस्कृति की ही विशेषता है कि उसने एक साधारण जीव के खोल को भी गहराई से अध्ययन किया, शोध किया और उसकी विशेषताओं को पहचान कर उसे इतना ऊंचा स्थान दिया।

शंख के कलात्मक सौंदर्य ने विश्व के अन्य देशों को भी मोहित किया है। फ्रांस की लगभग पच्चीस हजार वर्ष से भी अधिक पुरानी क्रो मेगनन गुफाओं में विभिन्न प्रकार के ऐसे शंख प्राप्त हुए हैं, जो मुख्यतः हिंद महासागर में ही उपलब्ध होते हैं। इससे अनुमान है कि ये शंख हिंद महासागर से ही वहां ले जाए गए होंगे।

हमारे यहां शंख को इतना अधिक महत्व देने के पीछे, हमारे ऋषि महर्षियों की वैज्ञानिक सोच भी रही है, जो आधुनिक वैज्ञानिकों द्वारा भी स्वीकार की जा चुकी है। ध्वनि पर आधुनिक विज्ञान ने अनेक खोजें की गई हैं और उनमें ध्वनि के वैज्ञानिक चमत्कार प्रमाणित किए गए हैं। यह स्वीकार किया गया है कि ईथर में रेडियों तरंगें, विचार तरंगें और शब्द तरंगें एक ही गति से भ्रमण करती हैं। इससे हमारे प्राचीन ग्रन्थों की यह उक्ति सही सिद्ध होती है कि 'शब्द ही ब्रह्म है'। इस दृष्टि से शंख से निकलने वाली विशेष प्रकार की ध्वनि, हमारे लिए विशेष उपयोगी हो जाती है। बर्लिन विश्वविद्यालय के प्रोफेसर हम्बोल्ट के अनुसार शंख ध्वनि से 1400 फीट के छोटे जीवाणु और हानिकारक कीटाणु नष्ट हो जाते हैं। इस ध्वनि से हैजा और प्लेग जैसे भयानक रोगों के कीटाणुओं को भी नष्ट या कमजोर किया जा सकता है। हम्बोल्ट के अनुसार यह सम्भव हो पाता है शंख ध्वनि से वातावरण में उत्पन्न होने वाले कम्पन से। इसलिए, शंख हमारे पर्यावरण को शुद्ध करने में भी काफी सहायक हो सकता है।

आयुर्वेद में शंख को उपचार की दृष्टि से भी विशेष महत्व दिया गया है। इसे रसेन्द्र यानी पारे के पश्चात् लौह, ताम्र और स्वर्ण के समान ही उपधातुओं में रखा गया है। यह माना गया है

कि शंख ध्वनि करने से शरीर पुष्ट होता है, बलवीर्य बढ़ता है और शूल, कफ, खांस एवं विष आदि के दोष नष्ट होते हैं। शंख से शंख भस्म, शंख चूर्ण तथा लोकेश्वर रस जैसी औषधियां तैयार की जाती है जो उदर रोग सहित अनेक बीमारियों में लाभदायक है। नित्य प्रति शंख बजाने से अस्थमा में लाभ होता है और अभ्यास करने पर गूंगे व्यक्ति भी बोलने में सफल हो जाते हैं।जन मान्यता के अनुसार यदि बच्चों के गले में छोटे-छोटे शंखों की माला डाल दी जाए तो वे जल्दी बोलना सीखते हैं और उनका उच्चारण शुद्ध होता है। शंख में रात्रि पर्यन्त रखे जल को प्रातः पीने से शरीर में उपस्थित रोगाणु नष्ट होते है और शरीर में स्फूर्ति आती है। शंख को नित्य प्रति घिसकर चेहरे पर लगाने से मुहासे ठीक होते हैं और चेहरे की कांति बढ़ती है। इससे सिर दर्द, गंड माला और दंत रोगों से भी लाभ मिलता है। शंख का मनोविज्ञान से भी गहरा संबंध माना गया है। 1981 में इटली के लेखक फ्लीयो कीयोनानी ने शंख-संग्रह पर एक पुस्तक लिखी, जिसमें उन्होंने कहा कि जीवन से निराश, थके और परेशान लोगों को मानसिक शक्ति के लिए शंख संग्रह का शौक अपना लेना चाहिए। एक अन्य विचारक डॉ. नेरिल पूर ने भी मानसिक परेशानियों और तनावों को दूर करने के लिए इसी शौक को अपनाने की सलाह दी है।

(iii) प्रवाल

प्रवालों को उनके रंग, बाह्य संरचना, बहुण्यता आदि के आधार पर विभिन्न समुदायों में बांटा गया है। इनमें हैलीपोरा (Helipora) एवं मिलीपोरा (Millipora) नामक प्रवाल प्रमुख हैं। सिद्ध पद्धति में मिलीपोरा का अधिक प्रयोग होता है। इसके द्वारा बनाया गया बरपाम मधुमेह (Diabetes), चर्मरोग (Skin disease), मूत्राशय में सिकुड़न (Stricture Urethrea) इत्यादि रोगों के उपचार में प्रयोग होता है।

(iv) अंबर

यह नर ह्वेल की आँतों से उत्सर्जित कठोर पदार्थ होता है, जिसे "अंबरग्रीस" कहते हैं। इसको शक्तिहीनता (General debility), फेफड़ों की बीमारियों (Lung diseases), लकवा (Paralysis), जोड़ों के दर्द (Pain in joints), बुखार (Fever) शुक्राणु को बढ़ाने आदि में प्रयोग करते हैं। इसको याददाश्त बढाने एवं कामवासनावर्धक के रूप में भी प्रयोग करते हैं।

अंबर को सुपारी (Areca Catechu), लौंग (Syzygium aromaticum), अदरक (Zingiber officinale) के रस में संयोजित करके वधा (Vadha), कुभा (Kubha) एवं कृष्यम (Kryshyam) आदि रोगों के उपचार में प्रयोग करते हैं। भारतीय आयुर्वेदिक पद्धति में (भावप्रकाश, सोलहवीं शताब्दी) में भी लेमिनेरिया (Laminaria sp:) एवं पोरफाइरा (Porphyra sp.) शैवाल जातियों का अनेक बीमारियों के निदान में प्रयोग के संदर्भ मिलते हैं।

अभिनव एवं जनहित प्रयास

औषधियों के लिये सागर का अन्वेषण और दोहन स्थल की अपेक्षा अधिक कठिन है। अस्सी के दशक से सागर से औषधि प्राप्त करने की दिशा में गति आई। हमारे देश में राष्ट्रीय समुद्र विज्ञान संस्थान, गोवा, केंद्रीय औषध अनुसंधान संस्थान, लखनऊ तथा बोस संस्थान, कोलकात्ता के सहयोगात्मक प्रयासों से केवल विगत पाँच-सात वर्षों में समुद्री वनस्पतिजगत और प्राणिजात के अन्वेषण के लिये गंभीरता पूर्वक प्रयास किया गया। उनके संयुक्त प्रयासों के परिणामस्वरूप लगभग पाँच सौ समुद्री नमूनों की जीव वैज्ञानिक छानबीन के साथ-साथ उनकी पहचान कर ली गई है तथा कुछ मामलों में उनके सक्रिय अवयव की पहचान भी कर ली गई है। कुछ नमूनों में दूसरों से अलग प्रति विषाणु, प्रतिउर्वरता, हाइपोटेंसिव तथा सी.एन.एस. उद्दीपन जैसी आशाजनक जीव वैज्ञानिक सक्रियता पाई गई है। कुछ अपरिष्कृत उत्पादों में उच्च अविषालुता पाई गई हैं। इनमें से कुछ नमूनो पर भारत सरकार के महासागर विकास विभाग द्वारा वित्त पोषित एक नए कार्यक्रम "समुद्र से औषधियां और जैव सक्रिय पदार्थ" के अंतर्गत अनुवर्ती कार्यवाही की जा रही है, इस कार्यक्रम में ग्यारह प्रयोगशालाएँ भाग ले रही हैं। एकत्रित किए गए लगभग 34% नमूनों में कुछ जैव सक्रियता देखी गई है, जो भूमि पर पाए जानेवाले पादपों की तुलना में बहुत अधिक हैं।

समुद्री वनस्पतिजात और प्राणिजात के कई पहलुओं का अध्ययन किया गया है। प्रोटोजोंस, स्पंजों, सीलेंटरेट्स, एकिनोडर्मस, मोलस्कस, निमराटाइंस, सी-स्नेक्स और मछलियों से कई अविषालु उपापचय अलग किए गए हैं। इनमें से सर्वाधिक महत्वपूर्ण हैं- पालीटॉक्सिन (Polytoxin) आदि। इनमें से कुछ टॉक्सिनों की सक्रियता की क्रियाविधि का अध्ययन किया गया हैं। प्रतिजीवाणुक, प्रतिविषाणुक, प्रतिनवद्रव्यीय और अन्य भेषजगुण विज्ञान संबंधी गुणधर्मो जैसी कई अन्य सक्रियताओं के बारे में सूचना मिली है। तथापि ऐसी रिपोर्टों की संख्या कम है, जिनमें नई रासायनिक संरचना के पृथक्करण के साथ-साथ उसकी जैव- रासायनिक सक्रियता का वर्णन होता है। भारतीय समुद्री जीवों में जैव सक्रियता संबंधी जानकारी सारणी 6.1 में दी गई है।

सारणी 6.1. भारतीय समुद्री जीवों में जैव सक्रियता

जैव सक्रियता	जीवों की संख्या
एंटीइंप्लांटेशन	14
एंटीवायरल	23
हृदयवाहिका	14
सी.एन.एस. डिप्रेसेंट	9
सी.एन.एस. उद्दीपक	29

डायोरेटिक	30
हाइपोग्लाकेमिक	10
ऑक्सीटॉसिस	1
स्पेस्मोजीनिक	9
स्पेस्मोलिटिक	3
टॉक्सिक	12
कुल सक्रिय नमूने	154
% सक्रिय	34

समुद्री संसाधनों से अलग किए गए जैव सक्रिय पदार्थों की किस्में निम्नवत हैं -

1. प्रतिजीवी
2. कैंसर रोधी/कोशिका विष
3. सी.बी.एस.सक्रिय
   - हाइपोटेंसिव
   - कार्डियोटॉनिक
   - प्रतिस्पंदन
   - हाइपोलिडेमिक
   - ऑटोनोमिक एगनेनिस्ट/एंटागोनिस्ट
4. सी.एन.एस. सक्रिय
   - सी.एन.एस. विश्रांतक
   - एंटी डिप्रेसेंट
   - सी.एन.एस. डिप्रेसेंट
   - न्यूरोमस्कुलर ब्लकिंग
   - पेशी विश्रांतक
5. प्रतिशोध
6. समुद्री आविष
7. विविध एंजाइम इनहिबिटर्स

सामुद्रिक द्रव्यों के गुणकर्म

सागरीय द्रव्यों के गुणकर्मों को सारणी 6.2 में दर्शाया गया है।

सारणी 6.2. सागरीय द्रव्यों के गुणकर्म

क्र.सं.	द्रव्यमान	गुणकर्म	उपयोग
1	प्रवाल	मधुर, अम्ल, लघु, कफ, पित्त दोषहर, दीपन, पाचन वृष्य, मेघ्य, बल्य, हृदय, विषघ्न, ज्वरघ्न एवं भूचल	क्षय, रक्तपित्त, कास विष, शामक, नेत्ररोगहर भूतबाधा नाशक, वीर्य क्रांतिकर
2	मुक्ता	मधुर, वृष्य, कंषाय, चक्षुष्य त्रिपोषघ्न, दाह, विषघ्न प्रशमन	राजयक्ष्माहर, विषघ्न, बल एवं पुष्टिकारक
3	मुक्ता शुक्ति शंख कपर्द	मुक्ता के समान गुणकारी किंतु अल्पगुणयुक्त	मुक्ता के समान किंतु अल्पगुणयुक्त, अग्निमाद्य
	वराटिका	कटु, लघु, रूक्ष, तीक्ष्ण, कफ	अजीर्ण, उदरशूल अम्ल
	शंखनाभि	वातशामक, दीपन, पाचन	पिंत्त, गुल्म, ग्रहणी यकृत
	शंबूक आदि	भेदन	प्लीहादोषहर
4	समुद्र फेन	कषाय, शीतल, लेखन, सर चक्षुष्य, कफ, पितघ्न, विषघ्न कफघ्न, स्तंभन, शोधहर	कर्णशूलहर, अग्निमाद्य, शूल, गुल्म, यकृत, प्लीहा दोषहर
5	समुद्र लवण	लवण रस, तिक्त, मधुर, अनुष्णगुण एवं वीर्य, दीपन, भेदी, विदाही, श्लेष्मल, वातनुतु, तीक्ष्ण, अरुक्ष, नातिशीतल, पाचन	उदरशूल, अग्निमाद्य, अजीर्ण, विबंध उदर रोगहर एवं वातरोगहर

सागर की विभिन्न संपदाओं से प्राप्त औषधियों का विवरण

सागर की विभिन्न संपदाओं यथा - ज्रीव, वनस्पति, एवं खनिज से प्राप्त औषधियों का विवरण सारणी 6.3 में तथा सामुद्रिक द्रव्यों के चिकित्सकीय स्वरूपों को सारणी 6.4 में एवं औषधिय सामुद्रिक द्रव्यों के अंग्रेजी नामों को सारणी 6.5 में दर्शाया गया है।

सारणी 6.3. सागर की विभिन्न संपदाओं से प्राप्त औषधियाँ

क्र.सं.	अंग्रेजी नाम	वैज्ञानिक नाम	अरबी नाम
(1)	**जीवों से उत्पन्न औषधियाँ**		
1	अंबरग्रीस	अंब्रागेसी	अंबर
2	कास्टोरियम	लूट्रा-लूट्रा	जुंद्बीदस्तार
3	कोरल	कोरलियम रुबूम	बूसाद/मरजान
4	काउरी	साइप्रिय मोनिटा	वादा
5	क्रोकोडायल	क्रोकोडिलस पाल्लुसट्रिस	टिम्सह
6	कटल फिश बोंस	सीपिया आफीसीनालीस	जष्ठ जाबाद अल-बाहर
7	ईल	एनक्वीला प्रजाति	मरमाहीज
8	इंसिगलस	एसीपेंसर हूसो	घारा अल समक
9	नरव्हाल	मोनोडोन मोनासीरोस	क्यूगा
10	ऑएस्टर शेल	ओस्ट्री इडूलिस	सदफ
11	पर्ल	पिंकटाडा प्रजाति	लूलू
12	स्किरापिअन फिश	पिट्रोइश रूसेली	अकरब बहरी
13	सीक्रेब	कैसर मरीना	सारतन बहरी
14	सी हेअर	लीपस मैरिंड	अरनाब बहरी
15	सी हेजहाग	मरीनस	कूनफूड बहरी
16	सी स्नेल	कलनकुलस डिपिक्टस	हालजुन बहरी
17	श्रिंप	क्रेग्रान वल्गारिस	रूबियन
18	स्किंक	मायूबा क्रिनाटा	असकंकर/सकनकर
19	स्पंज	स्पांगिया आपीसीनालिस	इसफंज
20	टरटल	चिलोनिया मिडास	सुलहफत
21	अनुंजस	स्ट्रांबस प्रजाति	अजफार अल-तीब
(2)	**वनस्पति से उत्पन्न औषधियाँ**		
22	सी-मॉस (समुद्री किस्म)		कांड्रस क्रिस्पतसतुहलुब
(3)	**खनिज से उत्पन्न औषधियाँ**		
23	ओटोलिथ फ्रामफिशिज	सिलिकेट आफ लाइम	हजर अल हवत
24	स्पंज स्टोन	लापिस स्पांगिया	हजर अल-इसफंज

सारणी 6.4. सामुद्रिक द्रव्यों के चिकित्सकीय स्वरूप

क्रं.सं.	औषध का नाम	उपयोग
1	प्रवाल	भस्म, पिष्टी, चूर्ण
2	मुक्ता	भस्म, पिष्टी
3	मुक्ता शुक्ति	भस्म, पिष्टी
4	वराटिका	भस्म
5	शंख	भस्म, चूर्ण
6	शंखनाभि	भस्म, चूर्ण
7	शुक्ति	भस्म
8	अकलारि (दरियाई नारियल)	उदक, चूर्ण, क्वाथ
9	समुद्र फेन	चूर्ण
10	समुद्र लवण	चूर्ण
11	कूर्मपृष्ठ	भस्म
12	शंबुक (घोंघा)	भस्म

सारणी 6.5. औषधीय सामुद्रिक द्रव्यों के अंग्रेजी नाम

क्रं.सं.	संस्कृत नाम	अंग्रेजी नाम
1	प्रवाल	Coral
2	मुक्ता	Pearl
3	मुक्ता शुक्ति	Shell of the Oyster Pearl
4	वरादिका	Shell (Cowric)
5	शंख	Conch
6	शंखनाभि	Spiral part of the conch
7	शुक़्ति	Shell of the Oyster
8	समुद्र लवण	Sea Salt
9	अकलारि (दरियाई नारियल)	Sea Coconut
10	कूर्मपृष्ठ	Tortoise Shield
11	मत्स्यपित्त (रोहित)	Bile of Fish

12	अंबर	Physter Catode
13	नख	Operculm of a Nil
14	कच्छप (कूर्म)	Tortoise
15	मगर	Crocodile
16	मत्स्य मांस	Fish Meat
17	कर्कट मांस	Octopus Meat
18	कर्कट (घोंघा)	Octopus

सागर से औषधियाँ प्राप्त करने का सफल एवं सराहनीय प्रयास कैलिफोर्निया में ला जोल्ला स्थित स्क्रिप्स इंस्टीट्यूशन ऑफ ओशनोग्राफी के वरिष्ठ जैव वैज्ञानिक विलियम फेनिकल ने किया है। डॉ. फेनिकल एवं उनके सहयोगी वैज्ञानिकों ने समुद्र में पाये जाने वाले एक अद्‌भुत जीव स्यूजोटेरोजार्जिया एलिसाबेथी नामक समुद्री पिच्छ (सी फीदर) से ऐसा रसायन प्राप्त किया है जो चिकित्सा वैज्ञानिकों की बहुत मदद कर सकता है। इस रसायन का नाम है "स्यूडोटेरोसिन"। मनुष्यों में स्यूडोटेरोसिन पर किए गए आरंभिक परीक्षणों से ऐसा ज्ञात हुआ है कि सूर्यदाह,रासायनिक क्षोभकों या सन्धिवात से शरीर के किसी भी भाग में आई सूजन को कम करने में यह रसायन उल्लेखनीय भूमिका निभाता है।

समुद्र से प्राप्त एल्यूथेरोबिन नामक रसायन कैंसर कोशिकाओं को नियंत्रित रख सकता हैं। कैंसर के उपचार में सहायक, समुद्र से प्राप्त 30 से अधिक औषधियाँ अभी परीक्षण के दौर से गुजर रही हैं। अतः यह बात सही है कि नई सदी का चिकित्सा विज्ञान बहुत कुछ सागरों पर ही निर्भर करेगा। भविष्य में समुद्रों में से ऐसे सूक्ष्मजीव खोजे जा सकते हैं जिनके बारे में न तो आपने सुना होगा न देखा होगा।

अध्याय - 7

सागर-ऊर्जा के विपुल स्त्रोत

सागर ऊर्जा के भी विपुल भंडार है। उसकी लहरों, ज्वार भाटाओं, जलधाराओं में और उसके जलस्तरों के तापों के अंतर में भी ऊर्जा भंडारित है। उसकी बायोमास से तथा उस पर बहने वाली पवनों से भी ऊर्जा प्राप्त की जा सकती है। सागर से ऊर्जा की सबसे अधिक मात्रा सूर्य से प्राप्त होने वाली ऊष्मा ऊर्जा के रूप में भंडारित है, और विश्व के कुल सागरों में 3×10^{24} जूल आंकी गई है। उनकी लहरों में 10^{19} जूल, ज्वार भाटाओं में 2×10^{17} जूल, सतह पर बहने वाली पवनों में 3×10^{8} जूल और गहरे सागर की धाराओं में 10^{14} जूल ऊर्जा निहित है।

मानव इस ऊर्जा का उपयोग प्राचीन काल से ही करने के प्रयत्न करता रहा है, परंतु सागर से ऊर्जा प्राप्त करना इतना आसान भी नहीं है जितना खाद्य या खनिज पदार्थ प्राप्त करना। इसलिये इस क्षेत्र में आरंभ में मनुष्य को आमतौर से असफलता ही प्राप्त हुई। विगत कुछ दशकों में सागर से ऊर्जा प्राप्त करने में कुछ सफलता मिली है।

सागर में सबसे अधिक ऊर्जा उसके पानी में ऊष्मा के रूप में व्याप्त है। तो आइए - पहले उसकी ही चर्चा कर लें। वस्तुतः इसी ऊर्जा को प्राप्त करने के लिए ही सबसे गंभीर प्रयत्न किए गए है तथा उनमें ही सर्वाधिक सफलता भी मिली है। वैसे ज्वार भाटाओं में निहित ऊर्जा को भी प्राप्त करने के कुछ प्रयास सफल रहे हैं।

(1) ओटेक तकनीक

सागर क्षेत्रफल की दृष्टि से बहुत विशाल है तथा वे पृथ्वी के हर भौगोलिक क्षेत्र में स्थित है। इस कारण उन पर पड़ने वाली सौर ऊर्जा की मात्रा भी विशाल है। सूर्य की ऊर्जा को भंडारित करने में पानी का एक गुण विशेष रूप से महत्वपूर्ण है और वह है उसकी अत्यन्त उच्च ऊष्माधारिता। सूर्य की किरणें पानी में बहुत गहराई तक प्रवेश नहीं कर पाती। उनमें निहित अवरक्त और लाल किरणें, जो कि ऊष्मा उत्पन्न करती है, प्रवेशन क्षमता अत्यन्त कम है, इसलिये सूर्य से प्राप्त होने वाली ऊर्जा का अवशोषण पानी की ऊपरी परतों में ही हो जाता है। इसी प्रकार सागर की सतह का पानी बहुत गरम हो जाता है परन्तु गहरे भागों का पानी ठंडा ही रहता है।

इससे सागर में जल के ऐसे विभिन्न स्तर बन जाते हैं जिनके तापों में बहुत अंतर होता है। यह अंतर अनेक बार 20°सें. से भी अधिक हो जाता है। इसी तापांतर का उपयोग करके बिजली बनाने की तकनीक को कहते हैं "सागर उष्मा ऊर्जा रूपान्तरण" तकनीक (Ocean thermal energy conversion) ।इस कारण इस तकनीक का संक्षिप्त नाम ओ टी ई सी (ओटेक) ही अधिक प्रचलित है।

सिद्धान्त

भौतिकी की दृष्टि से ओटेक तकनीक एक ऊष्मा इंजन है और उसका आधारभूत सिद्धान्त वही है जो प्रचलित ताप बिजलीघरों का है। इस तकनीक में सागर की सतह से निकाले गए ठंडे पानी के तापों के अंतर का उपयोग करके बिजली बनाई जा सकती है। इस प्रकार यह तकनीक उष्ण कटिबंधीय सागरों के लिये बहुत उपयुक्त है, क्योंकि इन सागरों की सतह के पानी का ताप 25°सें. जैसा ऊँचा होता है और 1000 मीटर गहरे पानी का - 1°सें. नीचा होता है, परन्तु आस-पास की हवा का ताप इसके कहीं अधिक नीचा होता है। इस कारण वे ओटेक तकनीक के लिए सबसे उपयुक्त स्थल बन जाते हैं। वैसे जिस सागर में भी विभिन्न स्तरों के जलों के तापों में 20°सें. का अंतर हो, वहाँ ओटेक तकनीक कार्य कर सकती है। इस प्रकार ओटेक तकनीक न केवल उष्ण कटिबंधीय क्षेत्रों में वरन् आर्कटिक तथा अंटार्कटिक जैसे ठंडे सागरों में भी उपयोगी हो सकती है।

यह तापांतर सूर्य द्वारा उत्पन्न किया जाता है इसलिये वह बहुत शीघ्रता से पुनः उत्पन्न हो जाता है। इसका उपयोग करके संपूर्ण विश्व के लिये बिजली बनाई जा सकती है। ऐसा अनुमान लगाया गया है कि ओटेक तकनीक से 200,000,00 मेगावाट बिजली प्रतिदिन प्राप्त की जा सकती है।

ओटेक संयंत्र के गरम और ठंडे जलों के तापों में अंतर प्रचलित बिजलीघरों की अपेक्षा कम होता है, इस कारण उसकी दक्षता भी बहुत कम होती है। प्रचलित ताप बिजलीघरों की दक्षता लगभग 80 प्रतिशत होती है और ओटेक की दक्षता मात्र 7 प्रतिशत। परन्तु सागर में गरम एवं ठंडे जल इतनी अधिक मात्रा में उपलब्ध है कि ओटेक की अत्यन्त कम दक्षता की पूर्ति हो जाती है।

ओटेक तकनीक का विकास

ओटेक तकनीक से सर्वप्रथम बिजली बनाने के प्रयत्न आज से 120 वर्ष पूर्व वर्ष 1881 में किए गये थे। इसका श्रेय फ्रांस के वैज्ञानिक आसेन द आर्सोन्वल को जाता है। उसके बाद उनके ही एक शिष्य जार्ज क्लॉड ने, वर्ष 1920 में भूमध्यसागर में भारी नौका का उपयोग कर, ओटेक तकनीक की व्यावहारिक उपयोगिता प्रदर्शित की। वर्ष 1930 में उन्होंने क्यूबा के तट पर इस तकनीक से बिजली बनाने वाला एक छोटा बिजलीघर भी स्थापित किया था। दुर्भाग्यवश कुछ

समय पश्चात् ही वह समुद्री तूफान में नष्ट हो गया। द्वितीय विश्वयुद्ध के पश्चात् फ्रांस की सरकार में "एनर्जी द सी" (Energy the Sea) नामक राष्ट्रीय सागर ऊष्मा ऊर्जा निगम बनाया और उसे अफ्रीका के पश्चिमी तट पर सागरीय ऊष्मा ऊर्जा रूपान्तरण संयंत्र बनाने की संभावनों का पता लगाने का कार्य भी सौपा था। परन्तु वास्तव में क्लॉड के प्रयोगों को आगे बढ़ाने के सिलसिले में वर्ष 1960 के दशक तक कोई ठोस कदम नहीं उठाया गया।

यद्यपि फ्रांसिसी वैज्ञानिकों द्वारा किए गए प्रयत्न तकनीकी रूप से सफल रहे परन्तु आर्थिक रूप से वे लाभदायक नहीं थे। उनके प्रयोगों में ओटेक संयंत्र थल पर स्थापित किए गये थे और उनके द्वारा उत्पन्न ऊर्जा का उपयोग केवल उस दशक के अंतिम चरण में दो अमेरिकी वैज्ञानिकों, जे. हिल्व एंडरसन, और जेम्स एंडरसन ने, जो पिता-पुत्र ही थे, क्लॉड के प्रयोग को आगे बढ़ाया। उन्होंने उनके यंत्रों में अनेक संशोधन भी किए, उन्हें परिमार्जित भी किया और उनकी क्षमता में अत्यन्त वृद्धि करके उन्हें इस योग्य बना दिया कि उनसे बिजली बनाकर लोगों को दिखाई जा सके। उनके संयंत्र पानी में तैरने वाले थे। इसलिये उनमें पानी को पंप करने की आवश्यकता नहीं थी। इसके साथ ही उनमें प्रोपेन जैसे अत्यधिक नीचे क्वथनांक वाले द्रवों का उपयोग किया गया था।

इसके बाद इस तकनीक पर जितना कार्य संयुक्त राज्य अमेरिका में हुआ उतना किसी अन्य देश में नहीं हुआ। ओटेक तकनीक उन्हीं देशों के लिए विशेष रूप से द्वीप देशों के लिये सबसे उपयुक्त होती है जिनमें कोयले और पेट्रोलियम जैसे ईंधनों के भंडारों की अत्यन्त कमी हो परन्तु सागर तट काफी लंबा हो। अमेरिका में कोयले और पेट्रोलियम के बहुत बड़े भंडार हैं फिर भी उसके ओटेक में रूचि लेने के दो कारण हैं। पहला- पेट्रोलियम के विशाल भंडारों के बाद भी उसे अपनी आवश्यकता के लिए बड़ी मात्रा में पेट्रोलियम आयात करना पड़ता है और दूसरा, वह ओटेक जैसी अत्यन्त महंगी तकनीक के बारे में प्रयोग करने और संयंत्र स्थापित करने का खर्च वहन कर सकता है।

व्यावसायिक पैमाने पर बिजली बनाने हेतु ओटेक संयंत्र की स्थापना के लिए पहले मैक्सिकों की खाड़ी में एक स्थान का चयन किया गया। वहाँ 500 मेगावाट क्षमता वाले अनेक ओटेक संयंत्र लगाने का प्रस्ताव किया गया जिससे 30 गीगावाट बिजली उत्पन्न हो सके। इसी प्रकार हवाई द्वीप के तटों पर भी ओटेक संयंत्र स्थापित करने की बात भी जोरों से उठाई गई। परन्तु वर्ष 1980 में अमेरिका में सरकार परिवर्तन के साथ ऊर्जा उत्पादन की नीति में भी परिवर्तन आ गया एवं ऊर्जा उत्पादन के कार्य को निजी क्षेत्र को सौंप दिया गया। यद्यपि ओटेक तकनीक की शुरुआत फ्रांस ने की थी, परन्तु वह बाद में पिछड़ गया। तदनंतर वर्ष 1970-80 में ही इस क्षेत्र में अनुसंधान आरंभ कर दिये गए थे। पहले 100 मेगावाट के तिरते हुए किस्म के ओटेक संयंत्र की स्थापना के बारे में अध्ययन किए गए। गहन अध्ययनों के बाद जापानी वैज्ञानिक वर्ष 1981 में प्रशांत महासागर में स्थित नारू द्वीप में 120 किलोवाट क्षमता का ओटेक संयंत्र स्थापित करने में सफल हुए। इस संयंत्र ने अगले वर्ष 31.5 किलोवाट बिजली का उत्पादन भी

किया। यद्यपि बिजली की यह मात्रा बहुत कम थी, परन्तु इससे ओटेक संयंत्र की सफलता प्रमाणित हो गई। इसके बाद टोक्यो इलेक्ट्रिक एंड पावर सर्विसेज ने मारू में ही एक बड़े 215 मेगावाट क्षमतावाले, संयंत्र की स्थापना की। इसी प्रकार ब्रिटेन की कुछ कंपनियाँ भी सागर में तिरता हुए ओटेक संयंत्र की स्थापना कर रही है। ब्रिटेन के वैज्ञानिकों को गहरे सागर से तेल निकालने का बहुत अनुभव है। अतः वे इस कार्य में अधिक सफल हो सकते हैं।

भारत में ओटेक

हमारे तटवर्ती सागरों के विभिन्न जलस्तरों के तापों में अंतर, ओटेक तकनीक से बिजली उत्पादन के लिए बहुत उपयुक्त है। अरब सागर और बंगाल की खाड़ी में आमतौर से सतह के पानी के ताप और लगभग 1,000 मीटर गहरे पानी के ताप में 20°से. से भी अधिक अंतर है। हमारे अनुसंधान पोत "गवेषणी" द्वारा किए गए सर्वेक्षणों में पाया गया है कि बंगाल की खाड़ी की सतह पर गरम पानी की 75 मीटर मोटी एक तह है। उसके पानी का ताप 29°सें. है, परन्तु सतह से लगभग 120 मीटर नीचे ठंडा पानी है, उसका ताप 6°सें. है। यह ओटेक संयंत्रों की स्थापना के लिये बहुत उपयुक्त है। तमिलनाडु के तट पर 4 ऐसे स्थानों का पता लगया जा चुका है जहाँ ओटेक संयंत्र स्थापित किए जा सकते हैं।

विशेषज्ञों का मत है कि हमारे देश के पश्चिमी और पूर्वी तटों के निचले भागों तथा लक्षद्वीप और अंडमान द्वीप समूहों के तटों पर छोटे-छोटे, 25 से 50 मेगावाट क्षमता के अनेक ओटेक संयंत्र स्थापित किए जा सकते हैं। ये बिजली की स्थानीय कमी को दूर करने में सक्षम है। हमारे देश में मिनीकाय द्वीप में और तमिलनाडु के तट पर ओटेक संयंत्र स्थापित किए जा रहे हैं।

ओटेक तकनीक की कार्यविधियाँ : ओटेक तकनीक में दो तरीकों से बिजली का उत्पादन किया जाता है।

(i) बंद चक्र

इस विधि में किसी द्रव को उबालकर गैस में परिवर्तित कर लिया जाता है। यह गैस टरबाइन को चलाती है, जिससे बिजली बनती है। परन्तु इसमें गैस स्वयं ठंडी हो जाती है और द्रव में बदल जाती है। इस द्रव को पुनः गरम करके गैस में परिवर्तित कर लिया जाता है और इस प्रकार द्रव का गैस में परिवर्तित होने, गैस का टरबाइन चलाने और पुनः ठंडी होकर द्रव में बदल जाने का चक्र चलता ही रहता है। इसमें द्रव के रूप में पानी का उपयोग नहीं किया जा सकता, उसके लिये कम क्वथनांक वाला किसी द्रव की आवश्यकता होती है। अमोनिया, प्रोपेन अथवा कोई प्रशीतक (Refrigerant) द्रव इसके लिये उपयुक्त होता है। सागर की सतह का गरम पानी इस द्रव को वाष्पित कर देता है। यह वाष्प टरबाइन चलाती है। बाद में सागर का ठंडा पानी (गहरे सागर से निकाला गया) वाष्प को पुन द्रव में बदल देता है।

(ii) खुला चक्र

इस विधि में किसी कार्यकारी द्रव की आवश्यकता नहीं होती है। उसके स्थान पर सागर के गुनगुने पानी को ही कम दाब पर भाप में परिवर्तित कर लिया जाता है। यह भाप टरबाइन चलाती है। इस कार्य में वह ठंडी हो जाती है। परन्तु इस ठंडे जल को पुनः गरम नहीं किया जाता, वरन् सतह पर से पुनः गरम पानी ले लिया जाता है। यद्यपि खुली चक्र व्यवस्था के अनेक लाभ हैं, यथा - उससे उपजात के रूप में, बड़ी मात्रा में ताजा पानी मिल जाता है - परन्तु आमतौर से बंद चक्र तरीके को ही अधिक पसंद किया जाता है। बंद चक्र तरीके की बिजली उत्पादन क्षमता भी अधिक होती है।

बंद चक्र विधि के लिये मुख्य रूप से पंपिंग व्यवस्था, गुनगुने और ठंडे जलों के लिए अत्यन्त विशाल पाइप आदि तथा कार्यकारी तरल के लिये प्लबिंग व्यवस्था की जरूरत होती है। साथ ही बड़े-बड़े वाष्पक (Evaporator) संघनित्रों (Condensers) टरबाइन तथा संबद्ध यंत्रों की आवश्यकता होती है। यद्यपि इन यंत्रों को फिट करने के तरीके हर ओटेक संयंत्र में आवश्यकतानुसार अलग-अलग हो सकते हैं। मोटे तौर पर ओटेक संयंत्र की स्थापना तीन प्रकार से की जा सकती है। सागर में तिरते चबूतरों पर, चबूतरों के निकट ही जहाज पर कारखानें लगाकर तथा थल पर। पहली स्थिति में सागर में एक विशाल चबूतरा बनाया जाता है। यह चबूतरा सागर में तिरता रहता है और इसी पर पूरा संयंत्र स्थापित किया जाता है। उसमें पैदा होने वाली बिजली को जलमग्न तारों द्वारा थल पर ले जाया जाता है।

दूसरे किस्म के संयंत्र में वे कार्य, जिनके लिये बिजली उत्पन्न की जाती है, सागर पर ही, ओटेक संयंत्र स्थल के निकट ही, किये जाते हैं। ये कारखाने जहाजों पर स्थापित किये जा सकते हैं और इनमें ऐसी वस्तुएँ, यथा - अमोनिया, हाइड्रोजन, एलुमिनियम आदि बनाई जा सकती है जिनके उत्पादन में बड़ी मात्रा में बिजली की आवश्यकता होती है। इसमें सबसे बड़ा लाभ बिजली ले जाने के लिये सैकड़ों किलोमीटर लंबे जलमग्न तारों की बहुत बड़ी बचत होती है। तीसरे प्रकार के ओटेक संयंत्र तट पर स्थापित किए जाते हैं परन्तु इनके लिये गुनगुने एवं ठंडे जलों को बड़े-बड़े पाइपों द्वारा गहरे सागर से लाना पड़ता है। इस प्रकार के संयंत्र वर्तमान प्रौद्योगिकी ज्ञान की सहायता से आसानी से बनाए और स्थापित किये जा सकते हैं। ऐसी आशा की जाती है कि भविष्य में इसी प्रकार के ओटेक संयंत्रों की स्थापना अधिक होगी।

समस्याएँ

यद्यपि ओटेक तकनीक बड़े पैमाने पर बिजली उत्पादन की एकदम प्रदूषण रहित तकनीक है। इस तकनीक में कोई हानिकारक उपजात भी नहीं बनता है। साथ ही ओटेक संयंत्र से बिजली प्राप्त करने पर प्रचलित साधनों की अपेक्षा बहुत कम खर्च आता है, परन्तु इस संयंत्र के निर्माण और उसकी स्थापना पर बहुत अधिक लागत आती है। वास्तव में ये कार्य अत्यन्त जटिल, श्रमसाध्य और महंगे होते हैं। ऐसे बड़े-बड़े चबूतरें बनाना जो सागर की लहरों और भयंकर

तूफानों के थपेड़ों का मुकाबला कर सकें, आसान कार्य नहीं है। ये चबूतरें सागर से तेल निकालने हेतु बनाए जाने वाले चबूतरों की भांति ही कंकरीट या इस्पात के होते हैं। इन चबूतरों के निर्माण से भी कही अधिक जटिल एवं श्रमसाध्य कार्य है - 30 मीटर जैसे व्यास के 1000 मीटर जैसे लंबे पाइप बनाना और इन्हें लटकाना। ऐसे पाइपों को गहरे सागर से ठंडा पानी लाने के लिये चबूतरों से लटकाना पड़ता है। जरा सोचिए – 30 मीटर व्यास के 1,000 मीटर लंबे पाइप में से पानी की कितनी विशाल मात्रा बह सकती है। 400 मेगावाट के एक ओटेक संयंत्र को पानी की इतनी ही मात्रा चाहिए। पानी की इतनी विशाल मात्रा विश्व की सबसे बड़ी नदी, नील नदी, में बहती है। इतने बड़े पाइप को लटकाना और उस पर पड़नें वाले बलों के तथा समुद्री पानी और सागर के जीवों को जैव रासायनिक क्रियाओं के बावजूद उसे सही स्थिति में बनाए रखना बहुत ही जटिलतम कार्य है।

ओटेक संयंत्र में दूसरी बड़ी कठिनाई ऊष्मा विनिमय (Heat exchange) की है। इस संयंत्र की अत्यन्त अल्प क्षमता को बनाए रखने हेतु यह जरूरी होता है कि गुनगुने पानी की अधिकतम ऊष्मा कार्यकारी द्रव को स्थानांतरित हो जाए और इस क्रिया में ऊष्मा का क्षय कम से कम हो। इसी प्रकार कार्यकारी द्रव से, बिना किसी हानि के, अधिकतम ऊर्जा का ठंडे पानी को स्थानांतरित होना आवश्यक है। इन क्रियाओं में ऊष्मा क्षय को एकदम रोकना बहुत कठिन है. ऊष्मा विनियमक पदार्थों का चयन भी आसान कार्य नहीं है। इसमें भी बहुत कठिनाइयाँ आती है।

ओटेक संयंत्र में सबसे बड़ी आर्थिक समस्या भी है, क्योंकि इसका हर घटक विशाल चाहिए। इस हेतु बहुत धनराशि की आवश्यकता होती है। इसके बावजूद भी अनेक विकसित देश इस तकनीक से बिजली उत्पादन हेतु प्रयत्नशील है। इसका मुख्य कारण यह है कि बिजली उत्पादन की लागत अन्य बिजलीघरों की तुलना में बहुत कम आती है। इससे न तो प्रदूषण उत्पन्न करने वाले पदार्थ निकलते हैं और न ही किसी ईंधन की आवश्यकता होती है। इससे लगभग अनंत काल तक बिजली मिल सकती है।

ऊर्जा के अन्य स्रोत

(1) ज्वार-भाटा

जैसा कि वर्णित किया जा चुका है कि सागर के ज्वार-भाटाओं में भी बहुत बड़ी मात्रा ($2x10^{17}$ जूल) में, ऊर्जा निहित है। सागर के पानी के दैनिक उतार-चढ़ाव में निहित ऊर्जा का उपयोग करने के लिए मनुष्य आदिकाल से ही लालायित रहा है। कुछ दशक पूर्व फ्रांस ने सागर के ज्वार में निहित ऊर्जा को बिजली में रूपान्तरित करने हेतु सफल प्रयोग किया था. इस प्रकार का पहला बिजलीघर रांस की खाड़ी में अब भी कार्यरत है। उसके बाद फ्रांस में तथा अन्य अनेक देशों में इस प्रकार के अनेक बिजलीघर स्थापित किए गए। इनमें से कुछ का विवरण सारणी 7.1 में दिया गया है।

सारणी 7.1. विश्व के ज्वार बिजलीघर

परियोजना	देश	वार्षिक उत्पादन (करोड़ किलोवाट घंटों में)
रांस	फ्रांस	80
लोरियां	फ्रांस	24
चोसे	फ्रांस	1,500
आर्गना लांसिए	फ्रांस	85
ब्रेस्ट	फ्रांस	90
सोम	फ्रांस	100
पस्सामोकोड़ी	सं.राज्य अमेरिका	60
फंडी की खाड़ी	कनाड़ा	160
सेवर्न	ब्रिटेन	237
सानजोस की खाड़ी	कनाड़ा	1,000

इनमें बिजली उत्पन्न करने हेतु पहले ज्वार के प्रवाह को किसी खाड़ी अथवा बड़े जलाशय में भर लिया जाता है और खाड़ी के द्वार पर जहाँ वह सागर से मिलती है, एक अवरोधक लगा दिया जाता है। यह अवरोधक एक बांध का कार्य करता है और ज्वार के पानी का आधिक्य ही इस पर से बहकर समुद्र में जा सकता है। इससे ज्वार के पानी का स्तर समुद्र के पानी के स्तर से बहुत ऊंचा हो जाता है। अब ज्वार के पानी को समुद्र में गिराकर उससे अवरोधक के पास लगी टरबाइनों को चलाया जाता है। इस प्रकार ज्वार के पानी की स्थितिज ऊर्जा को विद्युत में परिवर्तित किया जाता है। इस व्यवस्था में उस समय व्यवधान उत्पन्न हो जाता है जब शीर्ष (हैड) कम हो जाता है। वस्तुतः शीर्ष का तात्पर्य सागर में जल के सामान्य स्तर तथा संग्रहित जल के स्तर के अंतर से है। ऐसी अवस्था में टरबाइन बंद हो जाती है, जिसके फलस्वरूप बिजली उत्पादन रूक जाता है।

बिजली उत्पादन के लिये ज्वार की स्थितिज ऊर्जा का ही नहीं, वरन् गतिज ऊर्जा का भी उपयोग किया जा सकता है। ज्वार की गतिज ऊर्जा से प्राप्त विद्युत आमतौर से ज्वार के ऊर्ध्वाधर शीर्ष के वर्ग की समानुपाती होती है तथा बृहत् ज्वार (सबसे ऊंचे ज्वार) से प्राप्त ऊर्जा से सात गुना अधिक होती है।

ज्वार से प्राप्त ऊर्जा के मान को निरंतर एक समान बनाए रखने के लिए उत्पादन व्यवस्था में अनेक संशोधन किए गये हैं और अनेक प्रकार की तकनीकें सुझाई गई हैं। इन संशोधनों के परिणामस्वरूप अब ऐसे संयंत्र उपलब्ध हैं जिनसे केवल उतरते या केवल चढ़ते अथवा उतरते और चढ़ते, दोनों प्रकार के, ज्वारों से बिजली का उत्पादन किया जा सकता है। इसके साथ ही एक

संग्रहण क्षेत्र वाले या दो संग्रहण क्षेत्रों वाले अथवा पंप भंडारण व्यवस्था वाले संयंत्र भी विकसित कर लिए गए हैं। इन संयंत्रों की दक्षता अलग-अलग होती हैं। दो संग्रहण क्षेत्र वाले संयंत्रों की दक्षता सबसे अधिक, 35 प्रतिशत होती है। आजकल ऐसे संयंत्र भी विकसित कर लिए गए हैं जिनमें तीन संग्रहंण क्षेत्रों का उपयोग किया जा रहा है।

लाभ : इसके निम्नांकित लाभ है –

(i) ज्वार-भाटा से बिजली प्राप्त करने की तकनीक में लागत बहुत कम आती है। इस कारण आर्थिक दृष्टि से यह उपादेय है।

(ii) ज्वार भाटा से ऊर्जा उत्पादन में प्रदूषण की बिल्कुल भी समस्या नहीं होती है।

(iii) उत्पादन की क्षमता को आसानी से बढ़ाया जा सकता है, क्योंकि यंत्रों का आकार बड़ा नहीं होता है।

(iv) इससे हर प्राकृतिक परिस्थिति में ऊर्जा उत्पादन संभव है। साथ ही किन्ही बाहरी पदार्थों, यथा- कोयला, गैस व तेल आदि की आवश्यकता नहीं पड़ती है। उन पर बाढ़ या सूखे का भी कोई प्रभाव नहीं पड़ता है।

(v) ज्वार भाटा जनित ऊर्जा किसी निकटवर्ती नगर को ही प्रदान की जा सकती है।

अड़चनें

(अ) ज्वार भाटा काल और सौर दैनिक काल में थोड़ा सा अंतर आ जाने पर भी जनित ऊर्जा का मान बदलता रहता है। यंत्र, अवरोधक, जल कपाट आदि बहुत मजबूत होना आवश्यक है, क्योंकि उनको कभी-कभी बहुत तूफानी जल प्रवाह एवं बर्फीले प्रहार का सामना करना पड़ सकता है।

(ब) समुद्री तूफानों आदि से तथा समुद्री पानी और कीटों आदि के कारण होने वाले क्षरण से संयंत्र की रक्षा हेतु आवश्यक उपाय करने पड़ते हैं।

(स) सूर्य एवं चंद्रमा के परिक्रमा पथों के दीर्घाकार होने तथा चंद्रमा का सूर्य के अनुदिश न होने के कारण भी ज्वार-भाटा की परास व नियमितता बदलती रहती है जिसके फलस्वरूप प्राप्य ऊर्जा की निरन्तरता प्रभावित होती रहती है। जल संग्रहण क्षेत्रों के अंदर भी ज्वार-भाटा परास का अवशोषण हो जाता है।

ज्वार-भाटा से ऊर्जा उत्पादन के क्षेत्र में कनाड़ा, अर्जेन्टाइना, अमेरिका, चीन, इंग्लैण्ड, फ्रांस, आस्ट्रेलिया, रूस और ज़ापान में भी बहुत कार्य हुआ है। हमारे देश में भी नवलाखी, कच्छ, भावनगर, खंभात की खाड़ी और डायमंड हार्बर (कोलकाता) में ज्वार भाटे से बिजली उत्पादन किया जा सकता है।

(2) लहरों से बिजली

सागर की लहरों में भी बहुत बड़ी मात्रा में ऊर्जा भंडारित होती है, परन्तु अभी तक इस ऊर्जा को बड़े पैमाने पर बिजली में बदलने में सफलता नहीं मिली है। वैसे सागर के हर तट पर लहरों से बिजली नहीं बनाई जा सकती है। इसके लिये ऐसा लंबा तट चाहिए जिसके आगे खुले सागर में तेज पवनें बहती हो परन्तु कोई पर्वत आदि न हो। आमतौर पर ऐसे तट मध्य अक्षांशों में, महाद्वीपों के पश्चिमी किनारों पर स्थित है।

लहरों से बिजली बनाने के लिए अनेक देशों में प्रयोग किए गए हैं और उनमें कुछ सफलता भी मिली है। कदाचित सबसे अधिक सफलता मिली है "दोलन करने वाली जलस्तंभ युक्ति" (Oscillating water column device) को। यह युक्ति 0.5 मेगावाट बिजली उत्पन्न कर सकती है।

भारत में लहरों से बिजली की संभाव्य क्षमता 40,000 मेगावाट आंकी गई है, परन्तु यह ऊर्जा बहुत बड़े क्षेत्र में,6000 किलोमीटर से भी बड़े क्षेत्र में वितरित है। वैसे हमारे देश में इस दिशा में बहुत प्रयत्न भी किए गए हैं। ये प्रयत्न महासागर विभाग, चेन्नई और दिल्ली में स्थित इंडियन इंस्टीट्यूट ऑफ टेक्नोलॉजी, सेंटर फार अर्थ साइंसेज स्टडीज, तिरूवनंतपुरम्, किर्लोस्कर इलेक्ट्रिक कंपनी आदि संस्थाओं ने किए हैं। इस संबंध में इंडियन इंस्ट्रीट्यूट ऑफ टेक्नोलॉजी चेन्नई ने भी उल्लेखनीय कार्य किया है। वहाँ दोलन करने वाली जल स्तंभ युक्ति विकसित की गई है। और दो ऐसे स्थानों का पता लगाया है जो लहरों से बिजली उत्पन्न करने हेतु बहुत उपयुक्त है। इनमें से एक चेन्नई के निकट है और दूसरा त्रिवेन्द्रम के निकट विझिंनजम नामक स्थान है। बिजली उत्पादन हेतु 150 किलोवाट क्षमता का एक संयंत्र, 1991 से सफलतापूर्वक कार्य कर रहा है।

सागर की लहरों से ऊर्जा एवं भारत

सागर के संभाव्य ऊर्जा स्रोतों में लहरों का प्रमुख स्थान है। इस स्रोत से ऊर्जा प्राप्त करने हेतु हमारे देश में भी गंभीर प्रयत्न किए गए हैं। भारत का तट 6000 किलोमीटर से भी अधिक लंबा है और उसके निकट उत्पन्न होने वाली लहरों में लगभग 40,000 मेगावाट ऊर्जा निहित होने का अनुमान है। परन्तु यह ऊर्जा बहुत विशाल क्षेत्र में वितरित है और केवल ऊंची उठने वाली शक्तिशाली लहरों से ही ऊर्जा प्राप्त करना लाभदायक होता है। इसलिए इस बारे में परियोजना बनाते समय यह ध्यान रखना जरूरी होता है कि वह बहुउद्देश्यी हो।

हमारे देश में इंडियन इंस्टीट्यूट ऑफ टेक्नोलॉजी, चेन्नई के वैज्ञानिकों ने वर्ष 1992 में इस विषय पर अनुसंधान कार्य आरंभ किया। इस अन्वेषण के आधार पर सागर की लहरों में निहित ऊर्जा को विद्युत में परिवर्तित करने हेतु त्रिवेन्द्रम के निकट विझिंनजम में वर्ष 1991 में 150 किलोवाट क्षमता वाला एक संयंत्र स्थापित किया गया। यह विश्व में अपनी किस्म का पहला संयंत्र है। इसकी सफलता ने यह सिद्ध कर दिया कि सागर की लहरों से बिजली बनाई जा

सकती है। इतना ही नहीं, इस संयंत्र से वह जानकारी भी प्राप्त हुई जिसके आधार पर बड़े पैमाने पर लहरों से बिजली उत्पादन हेतु संयंत्र स्थापित किया जा सकता है।

सिद्धान्त

उक्त लहर ऊर्जा संयंत्र, बिजली उत्पादन हेतु "दोलन करते हुए जल स्तंभ" (Oscillating water column) कक्ष और स्वतः शोधित वायु टरबाइन का उपयोग करता है। सागर की लहरें कैसन के कक्ष में प्रवेश करती है तथा जल राशि को ऊपर उठाती है और नीचे गिराती है, जिससे कैंसन के शीर्ष में स्थित छिद्र में दो दिशाओं में बहने वाला वायु प्रवाह उत्पन्न होता है। यद्यपि वायु दो दिशाओं में प्रवाहित होती है परन्तु टरबाइन अपने विशिष्ट डिजाइन के फलस्वरूप केवल एक ही दिशा में घूर्णन करता है। यह टरबाइन एक प्रेरण जनरेटर को, जो ग्रिड से जुड़ा होता है, चलाता है।

डिजाइन

इस संयंत्र में एक विशाल कैंसन होती है जिसका आकार 17 मीटर x 23 मीटर होता है। इसमें ही वह कक्ष होता है जिसमें जल स्तंभ दोलन करता है। कैंसन के सामने की ओर से लिप वाल के नीचे स्थित, जलमग्न, छिद्र में से लहरें प्रवेश करती हैं। वे कैंसन के ऊपरी भाग में, दो दिशाओं में बहने वाला वायु प्रवाह उत्पन्न करती हैं। कैंसन की संरचना ऐसी होती है कि वह 7 मीटर तक ऊंची और 10 सेंकड अवधि वाली लहर को भी सहन कर सकती है। वैसे संयंत्र 1.52 मीटर की सार्थक ऊंचाई वाली लहरों से अधिकतम 150 किलोवाट ऊर्जा उत्पन्न कर सकता है।

(3) जलधाराओं से बिजली

जलधाराओं से बिजली उत्पन्न करना कठिनतम कार्य है, परन्तु संयुक्त राज्य अमेरिका और जापान के कुछ वैज्ञानिकों ने इस बारे में प्रयोग किए है।

(4) अन्य स्रोत

जलधाराओं के अतिरिक्त विभिन्न जलस्तरों की लवणताओं और घनत्वों में अंतर तथा बायोमास से भी बिजली उत्पादन के प्रयत्न किए गए हैं, इनका विवरण दिया जा रहा है।

(अ) लवणता अंतर

जब ब्राइन से ताजा पानी प्राप्त किया जाता है तब ऊर्जा की आवश्यकता होती है। यदि इस क्रम को उल्टा कर दिया जाए तो ऊर्जा मुक्त होगी। विभिन्न लवणताओं के जलों से बिजली उत्पन्न करने हेतु यही सिद्धान्त अपनाया जाता है। इसके लिये विभिन्न लवणताओं वाले जलों को आपस में मिलाया जाता है। जलों की लवणताओं में जितना अधिक अंतर होगा, प्राप्त होने

वाली ऊर्जा की मात्रा भी उतनी ही अधिक होगी। इसलिये नदियों के बहुत कम लवणता वाले जलों को सागर के पानी के साथ मिलाने पर अधिक ऊर्जा प्राप्त हो सकती है। इस बारे में दो विधियाँ सुझाई गई हैं और इन्हें पेटेंट भी करा लिया गया है। पहली तकनीक में भिन्न-भिन्न लवणताओं के जलों को अर्द्ध पारगम्य झिल्ली से अलग किया जाता है। परासरण (Osmosis) क्रिया से दोनों जलों को आपस में मिलाया जाता है। जलों के मिलने की इस क्रिया में ऊष्मा उत्पन्न होती है। इस ऊष्मा को बिजली में परिवर्तित किया जा सकता है।

दूसरी तकनीक में भिन्न-भिन्न लवणताओं वाले जलों के बीच में एक विद्युत सुचालक झिल्ली रखी जाती है और उसे एक विद्युत परिपथ का अंग बना दिया जाता है। जलों में आयनों के स्थानांतरण से विभव उत्पन्न होता है और विद्युत धारा उत्पन्न हो जाती है।

(ब) घनत्वों में अंतर

सागर के जल के विभिन्न स्तरों के तापों में अंतर उत्पन्न हो जाने से उनके घनत्वों में भी अंतर हो जाता है। वैसे विभिन्न जलस्तरों के तापों के अंतर का उपयोग करके ओटेक विधि से भी बिजली-उत्पन्न की जा सकती है। कुछ वैज्ञानिकों का मत है कि घनत्वों के अंतर से अधिक मात्रा में और अधिक आसानी से बिजली प्राप्त हो सकती है। अब तक इस प्रकार बिजली प्राप्त करने के लिए वास्तविक संयंत्र नहीं लगाए गये हैं।

(स) बायोमास

यद्यपि प्राथमिक तौर पर सागर में वनस्पति (ईंधन) उगाना और उससे बिजली उत्पन्न करने की विधि काफी अव्यवहारिक प्रतीत होती है, परन्तु कुछ वैज्ञानिकों के अनुसार यह विधि अन्य अनेक विधियों से बेहतर है। इस तकनीक में सागर की खाद्य श्रृंखला की उच्च दक्षता का उपयोग करके सागर के पानी में मौजूद पौषक तत्वों से बायोमास प्राप्त की जाती है। यह बायोमास अनेक प्रजातियों के पौधों के रूप में - सूक्ष्म शैवाल से लेकर वृहताकार केल्प जैसे बड़े समुद्री पौधों के रूप में हो सकती है तथा इसे सागर में उत्पन्न करने के अनेक लाभ हो सकते हैं।

एक बार बायोमास प्राप्त हो जाने पर उसे ईंधन में परिवर्तित किया जा सकता है। बायोमास को सीधे ही ईंधन के रूप में जलाना हितकर नहीं होता है। अतः उसे रासायनिक रूप से विघटित करके कार्बनिक अम्ल और तत्पश्चात् ओलीफीन और हाइड्रोकार्बन, मुख्यतः मीथेन में परिवर्तित करना उपयुक्त होता है। यह कार्य अनेक सरल एवं सस्ती विधियों द्वारा किया जा सकता है। अवायवीय पाचन (Anaerobic digestion) एक ऐसी विधि है जिससे बायोमास से मीथेन और कार्बन-डाइ ऑक्साइड तो प्राप्त होती ही है, साथ ही अनेक पोषक पदार्थ, विशेष रूप से नाइट्रोजन, अवशिष्ट के रूप में बचे रहते हैं। इस अवशिष्ट को बाद में उर्वरक के रूप में प्रयोग किया जा सकता है।

बिजली उत्पन्न करने हेतु बायोमास प्राप्त करने के लिये ओटेक तकनीक से परोक्ष सहायता

ली जा सकती है । ओटेक तकनीक में, जैसा कि वर्णित किया जा चुका है गहरे सागर के पानी को पंपों द्वारा सतहों पर लाना, जरूरी होता है तथा गहरे सागर से आने वाला यह पानी पोषक तत्वों से भरपूर होता है । इसके साथ ही यह रोग उत्पन्न करने वाले कारकों से भी मुक्त होता है । अतः यह बायोमास उत्पादन के लिये सर्वोत्तम माध्यम हो सकता है ।

इस प्रकार बायोमास उत्पादन को ओटेक संयंत्र के साथ संयोजित कर देने से लागत में बहुत कमी आ सकती है । बायोमास को पहले उपयुक्त रसायनों में परिवर्तित करने का एक बड़ा लाभ यह है कि रसायनों को आसानी से एक स्थान से दूसरे स्थान ले जाया जा सकता है एवं उन्हें अन्य कार्यों में भी प्रयुक्त किया जा सकता है । इसके साथ ही बायोमास से परोक्ष रूप में उत्पन्न की गई बिजली को ले जाने के लिये जलमग्न तारों की भी आवश्यकता नहीं होती है ।

(द) सागर की पवनों से ऊर्जा

यद्यपि थल पर बहने वाली तेज पवनों की ऊर्जा से बिजली बनाने के प्रयत्न अनेक स्थानों पर किए जा रहे हैं, तथा इनमें काफी हद तक सफलता भी मिली है, परन्तु अभी तक पवन ऊर्जा को बड़े पैमाने पर बिजली में परिवर्तित नहीं किया जा सका है । आमतौर पर कुएं से जल निकालने या एक घर को प्रकाशित करने के लिये अथवा अन्य छोटे-मोटे कार्यों के लिये पवनजनित विद्युत का उपयोग किया जाता है । परन्तु सागरों पर बहती हुई तेज पवनों की ऊर्जा का उपयोग बड़े पैमाने पर बिजली उत्पादन हेतु किया जा सकेगा, जटिल कार्य है । इस संबंध में किए गए अध्ययन ये दर्शाते हैं कि पवन ऊर्जा और लहर ऊर्जा का साथ-साथ प्रयोग श्रेयस्कर रहता है । अतः ऐसा आभास किया जा रहा है कि जब कभी लहर ऊर्जा के उपयोग में सफलता मिलेगी, तब ही सागर पर बहनेवाली तेज पवनों का उपयोग सही किया जा सकेगा ।

अध्याय - 8

सागर में प्रदूषण का कहर

विश्व के औद्योगिक रूप से प्रगतिशील देशों में भारत का भी महत्वपूर्ण स्थान है। आज हर्ष क्ा विषय है कि हमारे देश में विकसित तकनीकों का उपयोग विकासशील देशों में ही नहीं वरन् विकसित देशों में भी हो रहा है। इस प्रगति के कुछ पश्च प्रभाव भी है जिनके बारे में जानकारी होना एवं समय रहते उनके निदान के बारे में प्रयत्न करना भी अत्यावश्यक है। वस्तुतः प्रदूषण को औद्योगिकीकरण और प्रगति का बोनस या लाभांश कहा जा सकता है। यह ऐसा लाभांश है जो अवांछित है और मजबूरी में हमें लेना पड़ता है।पर्यावरण को सबसे अधिक हानि मानव एवं उसकी विकास विषयक गतिविधियों द्वारा पहुँचाई गई है तथा यह सिलसिला निरंतर जारी है। इसी कारण प्रदूषण जैसी समस्या का प्रादुर्भाव हुआ है।

जैसे-जैसे मनुष्य प्रगति करता है, कचरे और व्यर्थ पदार्थों की मात्रा, विविधता और घातकता बढ़ती ही जाती है। उन्हें समुचित तरीके से निस्तारण करने की समस्याएँ भी उग्र से उग्रतर होती जाती हैं। पहले घरेलू कचरे और मल-मूत्र को आसानी से नदियों में बहा दिया जाता था। नदियाँ उन्हें पचा लेती थी एवं स्वयं शुद्ध रहती थी। परन्तु अब वे ऐसा नहीं कर पाती हैं। वे स्वयं गंदी हो जाती है और अपनी गंदगी को ढोकर सागर में ले जाती हैं। तटीय क्षेत्रों की आबादी अपने मल-मूत्र, औद्योगिक व्यर्थ पदार्थों और बहिस्रावों को, बिना उपचार के अथवा अंशतः उपचारित करके, सीधे सागर में बहा देती हैं। इस प्रकार आज सागर में कृषि अपशिष्ट, पीड़कनाशियों और अपमार्जकों की इस्तेमाल की जानेवाली कुल मात्राओं का लगभग 25 प्रतिशत भाग तक पहुंच जाता है। साथ ही उसमें बड़ी मात्रा में पेट्रोलियम टैंकरों से होने वाले रिसाव, परिष्करण शालाओं (Refineries) से फेंके जाने वाले पदार्थों, टैंकरों के साथ आए दिन होने वाली दुर्घटनाओं के फलस्वरूप बड़ी मात्रा में पेट्रोलियम भी मिलता रहता है।

सागर को स्थानीय रूप से प्रदूषित करने में कारखानों और बिजलीघरों से निकलनेवाले गरम पानी का भी योगदान होता है। यदि तट पर स्थित बिजलीघर नाभिकीय शक्ति से बिजली बनाता है तब उससे निकलने वाले गरम पानी की मात्रा बहुत अधिक होती है। इससे सागर का, स्थानीय रूप से, ताप काफी बढ़ जाता है। इसके कुप्रभाव उस स्थान के समुद्री जीव-जंतुओं पर भी पड़ते हैं।

जैसा कि विदित है हमारे देश, विशेष रूप से उसका दक्षिणी भाग, तीन ओर से सागर-अरब सागर और बंगाल की खाड़ी से घिरा हुआ है। हमारे देश के अभिन्न अंग अंडमान-निकोबार और लक्षद्वीप तो द्वीप समूह ही है। हमारे तट 6100 किलोमीटर से भी अधिक लंबे है तथा हमारे तटवर्ती इलाकों में देश की कुल आबादी का चौथाई भाग से भी अधिक बसा हुआ है। मुंबई, कोलकाता, चेन्नई, कोचीन, तिरुवअनंतपुरम्, कोचीन, विशाखापत्तनम्, गोवा आदि अनेक शहर सागर तट पर ही बसे हुए हैं। हमारे अनेक पावन तीर्थ यथा - द्वारिका, सोमनाथ, रामेश्वरम्, जगन्नाथपुरी आदि भी सागर के तट पर ही स्थित है।

भारत में समुद्री व्यापार में दिनोंदिन वृद्धि हो रही है। तटीय क्षेत्रों में विगत वर्षों में नित-नए उद्योग स्थापित हुए हैं तथा इनका क्रम अभी भी जारी है। हमारे देश में पकड़ी जाने वाली मछलियों का 56 प्रतिशत भाग सागर से प्राप्त किया जाता है। और हम अपनी पेट्रोलियम की मांग का अधिकांश भाग मुंबई हाई के तेल कुंओं से ही पूरा करते हैं। इस दृष्टि से हमारे तटीय सागर, विशेष रूप से उनके जलमग्न क्षेत्र, जिनका क्षेत्रफल 2,60,000 वर्ग किलोमीटर से भी अधिक है, हमारे लिये अधिकाधिक महत्वपूर्ण होते जा रहे हैं। इसी प्रकार विभिन्न नदियों के ज्वारनदमुख और पश्चजल हमारे आर्थिक विकास और जल परिवहन के लिये अत्यन्त आवश्यक है।

हमारे तटों को घेरे हुए अरब सागर एवं बंगाल की खाड़ी में बड़ी-बड़ी नदियाँ मिलती है जो उनमें प्रतिवर्ष 1645 घन किलोमीटर ताजा पानी मिलाती हैं। अरब सागर में गिरनेवाली प्रमुख नदियाँ हैं - सिंधु, नर्मदा, और ताप्ती, जबकि बंगाल की खाड़ी में ब्रह्मपुत्र, गंगा, महानदी, गोदावरी, कृष्णा, कावेरी और इरावती गिरती है। इसलिये उक्त ताजा पानी का 25 प्रतिशत भाग अरब सागर में और 75 प्रतिशत भाग बंगाल की खाड़ी में मिलता है। लगभग इसी अनुपात में उनमें मिलते हैं वे प्रदूषक जो नदियों द्वारा लाए जाते हैं। हमारे तटीय सागरों में नदियों द्वारा बहाकर लाई गई गाद, मिट्टी, घरेलू कचरा, मानव मल-मूत्र (सीवरेज), औद्योगिक अपशिष्ट, भारी धातुएं, पीड़कनाशी, अपमार्जक, उर्वरक तथा टैंकरों में से रिस जाने वाला पेट्रोलियम आदि पदार्थ हैं। इस संबंध में आज से लगभग अठारह वर्ष पूर्व भारत के महान सागर वैज्ञानिक डॉ. सैयद जहूर कासिम ने इस विषय में कुछ अनुमान लगाए थे, जो महत्वपूर्ण थे।

सागर के प्रदूषक

हमारे तटीय सागरों में मिलने वाले प्रदूषक मोटे तौर पर तीन प्रकार के होते हैं -

(i) प्रथम किस्म में वे प्रदूषक आते हैं जो मनुष्य द्वारा उत्पन्न नहीं किए जाते अर्थात् प्राकृतिक प्रदूषक। इसमें भारी धातुएं, प्राकृतिक घुलनशील अकार्बनिक एवं कार्बनिक पदार्थ आते हैं।

(ii) द्वितीय किस्म के प्रदूषक मनुष्य द्वारा तो प्रयुक्त किये जाते हैं परन्तु उन्हें मनुष्य स्वयं नहीं बनाता। इसमें हाइड्रोकार्बन (पेट्रोलियम) जैसे पदार्थ आते हैं।

(iii) तृतीय किस्म के प्रदूषकों का जन्मदाता पूरी तरह स्वयं मनुष्य ही है। इनमें प्लास्टिक रासायनिक उर्वरक, डी.डी.टी. तथा बी.एच.सी. जैसे पदार्थ सम्मिलित हैं।

तो आइए, देखें कि हमारी तटीय आबादी द्वारा सागर में फेंके जाने वाला/ बहा दिया जाने वाला घरेलू कचरा और सीवेज हमारे सागरों को किस प्रकार प्रदूषित कर रहे हैं।

(1) घरेलू कचरा एवं सीवेज

यह प्रेक्षित किया गया है कि यदि घरेलू सीवेज थोड़ी मात्रा में सागर में पहुँचता है तब वह समुद्री वनस्पति के लिये खाद का काम करता है तथा उससे सागर की उत्पादकता भी बढ़ती है। परन्तु सीवेज की मात्रा बढ़ जाने पर वह अत्यधिक पोषण "सुपोषण" प्रदान करने लगता है। यह अवांछित वृद्धि सागर के सामान्य उत्पादन प्रक्रम में बाधा डालने लगती हैं, जिसके फलस्वरूप सागर की खाद्य श्रृंखला गड़बड़ा जाती है। उससे पानी में फास्फेट-फास्फोरस सांद्रता बढ़ जाती है। इससे नॉक्टीलुसा, गोन्याउलैक्स, इरीकोडेसमियम आदि शैवालों के उत्पादन में अत्यधिक वृद्धि होने लगती है। इन शैवालों को समुद्री जीव नहीं खाते हैं, इसलिये उन शैवालों की तुलना में, जिन्हें समुद्री जीव खाते हैं, ये तेजी से फैलती ही जाती है, फलतः अनेक पर्यावरणीय समस्याएं उत्पन्न हो जाती हैं।

सबसे गंभीर समस्या तो शौचालयों की गंदगी से होती है। मानव मल-मूत्र में विभिन्न किस्म के परजीवी, सूक्ष्मजीवी, बैक्टीरिया, वायरस आदि विद्यमान होते हैं। ये सभी सागर में पहुँचकर प्रदूषण उत्पन्न करते हैं। सीवेज-स्लज से सागर के तटीय क्षेत्र ज्वारनदमुख अथवा खाड़ी जैसे अंग विशेष रूप से प्रभावित होते हैं। सागर तट पर बसे गाँवों, कस्बों और छोटे शहरों की गंदगी बिना उपचार के सीधे ही सागर में जा मिलती हैं। मुंबई जैसे बड़े शहरों में आबादी के एक बड़े भाग को सीवेज व्यवस्था उपलब्ध नहीं है, इसलिये वहाँ भी काफी बड़ी मात्रा में मल-मूत्र तथा घरेलू गंदगी सीधी सागर में मिलती रहती है। अनेक देशों में, विशेष रूप से विकसित देशों में सागर के तट पर बसे शहर सीवेज के उपचार से प्राप्त ठोस पदार्थों (स्लज या अवमल) को भी सागर में फेंक देते हैं। यह ठोस पदार्थ प्रायः तेजी से नीचे बैठ जाता है। और तली पर जम जाता है। कहीं-कहीं तली पर इस स्लज की कई मीटर मोटी तह जम गई है।

सागर में गंदगी मिलने के परिणाम पानी की भौतिक, रासायनिक और जैविक परिस्थितियों पर निर्भर होते हैं। यह सर्व विदित है कि सागर का पानी विभिन्न लवणों का घोल है, जिसमें मुख्य रचक सदैव उच्च मात्रा में विद्यमान होते हैं। सागर के पानी की अम्लीय और क्षारीय दोनों प्रकार के पदार्थों को उदासीन बनाने की क्षमता और आयनिक सामर्थ्य बहुत अधिक होती है। इन गुणों के भी प्रभाव पड़ते हैं। इनके कारण ही घरेलू गंदगी के सागर में मिलने पर अवक्षेपण, स्कंदन और ऊर्णन जैसी क्रियाएं अवश्य होती हैं। उदाहरण के तौर पर, साबुन के रूप में मौजूद वसाम्ल सागर के पानी में उपस्थित कैल्शियम और मैग्नीशियम आयनों से क्रिया करके अघुलनशील पदार्थ बनाते हैं। विभिन्न किस्मों के कोलायडी पदार्थ उनके ऋणात्मक कणों के

सागर के पानी में विद्यमान धनात्मक आयनों से मिलने के परिणामस्वरूप उदासीन हो जाते है। इस प्रकार की क्रियाएँ सागर के पानी में अवक्षेप उत्पन्न कर देती हैं।

सीवेज तथा आपंक को सागर में डालने पर हलके पदार्थ पानी में छितरा जाते हैं, जबकि भारी पदार्थ तली पर जम जाते हैं। हल्के पदार्थों के तिरने अथवा छितराने से पानी गंदला हो जाता है। इससे उसमें प्रकाश भली-भांति प्रविष्ट नहीं हो पाता है। वह कम दूरी तक प्रवेश कर पाता है। प्रकाश की मात्रा कम होने से प्रकाश संश्लेषण क्रिया मंद पड़ जाती है. इसके कारण पादप उत्पादन कम हो जाता है और सागर की संपूर्ण खाद्य श्रृंखला गड़बड़ा जाती है।

इसके अतिरिक्त मलजल का आधिक्य सागर के पानी में घुली ऑक्सीजन की मात्रा को कम कर देता है। इससे अवायवीय परिस्थितियाँ उत्पन्न होने लगती है। अरब सागर के पानी में घुली ऑक्सीजन की मात्रा पहले से ही अपेक्षाकृत कम है। इसमें बड़ी मात्रा में मलजल डालने से वह और भी कम हो गई है जिसके दुष्प्रभाव जीव-जंतुओं को भुगतने पड़ रहे हैं। आपंक के कारण मछलियों को हानि पहुँच सकती हैं, फिशिंग गीयर नष्ट हो सकते हैं और तली के जीव जंतु मर सकते हैं। गंदगी के तिरने वाले पदार्थ लहरों के साथ किनारों पर भी आ जाते हैं, जिससे पर्यटन स्थल प्रदूषित हो सकते हैं।

चित्र 8.1 औद्योगिक कचरे का समुद्र में प्रवेश ।

विशेषज्ञों ने ऐसा आभास किया है कि महानगरों में लोग अपेक्षाकृत अधिक कूड़ा-करकट उत्पन्न करते हैं। वहाँ एक व्यक्ति औसतन प्रतिदिन 120 लीटर मलजल उत्पन्न करता है जबकि कस्बों तथा छोटे शहरों में लगभग 60 लीटर है। निश्चय ही सागर के तट पर बसे शहरों एवं कस्बों के कूड़े करकट और मलजल की लगभग संपूर्ण मात्रा सागर में पहुच जाती है। समझा जाता है कि अकेले मुंबई शहर से प्रतिदिन 35 करोड़ लीटर घरेलू सीवेज तथा 18 करोड़ लीटर औद्योगिक बहिःस्राव सागर में छोड़ा जाता है। (चित्र 8.1)। मुंबई के तटीय सागर के पानी में मलजल और कूड़ा-करकट के कारण फास्फेट-फास्फोरस में निरंतर वृद्धि हो रही है। तथा तटीय पानी में घुली ऑक्सीजन की मात्रा में भी बहुत कमी आई है। यही स्थिति चेन्नई एवं कोलकाता के तटीय सागर की है। प्रदूषण के फलस्वरूप ही पश्चिमी तट पर ओखा और पोरबंदर बंदरगाहों के निकट तट से 25 किलोमीटर दूर तक के सागर के पानी में अमोनिया की मात्रा 166 मिली लीटर प्रति लीटर हो गई है। वहाँ इसी अनुपात में ऑक्सीजन घट गई है।

अंतरराष्ट्रीय स्तर पर सागर प्रदूषण को देखा जाए तो बावजूद अथक उपायों के भूमध्यसागर सर्वाधिक प्रदूषित सागरों में से एक है, जिसे चित्र 8.2 में दर्शाया गया है। इसके उत्तरी तट के अनेक स्थानों पर प्रति किलोमीटर 300 टन से भी अधिक सीवेज सागर में डाला जाता है। देश के तटवर्ती शहरों से उपजा गंदा जल तथा उसकी उपचारित मात्रा को सारणी 8.1 में दर्शाया गया है।

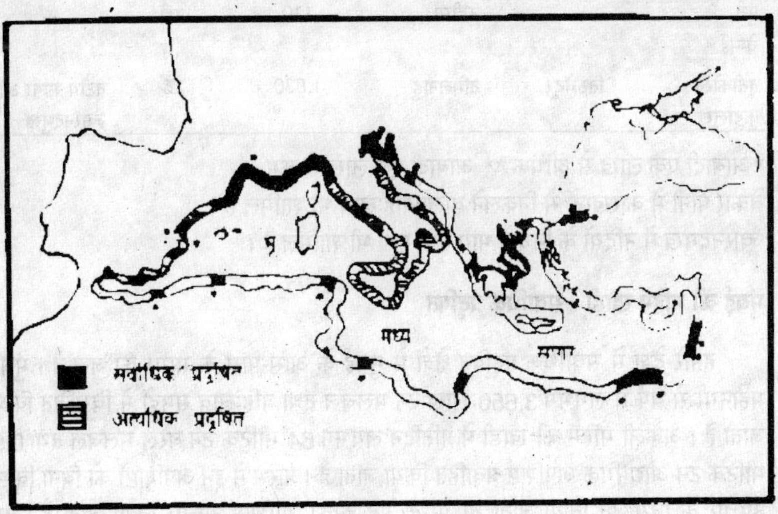

चित्र 8.2 सर्वाधिक प्रदूषित - भूमध्यसागर

सारणी 8.1. देश के तटवर्ती शहरों से उपजा गंदा जल एवं उसकी उपचारित मात्रा

शहर*	छोटे शहर**	राज्य	बेकार पानी		कहाँ डाला जाता है ?
			कुल मात्रा (लाख लीटर प्रतिदिन)	उपचारित मात्रा (लाख लीटर प्रतिदिन	
विशाखापत्तनम्	विजिआनपरम	आंध्र प्रदेश	640	नहीं	—
कोकीनाड़ा	चिराला				
मसलीपत्तनम् पणजी	—	गोवा	60	59	ज्वारनदमुख
भावनगर	वेरावल				
जामनगर	बालसद खंभात	गुजरात	640	49	ज्वारनदमुख
मंगलौर	—	कर्नाटक	180	93	ज्वारनदमुख
कोचीन	तेल्लीचेरी				
तिरुवअनंतपुरम्	कन्नानोर				
कालीकट	कायामकुलम	केरल	1760	2	तटीय सागर और ज्वारनदमुख
अल्लपी क्विलोन	बादागरा				
मुंबई	उल्हासनगर	महाराष्ट्र	12,750	48	तटीय सागर और ज्वारनदमुख
थाना					
बहरामपुर					
पुरी		उड़ीसा	110	नहीं	—
चेन्नई					
तूतीकोरन	तिरुचेंदूर	तमिलनाडु	1,830	26	तटीय सागर और ज्वारनदमुख
कुड्डालूर					

*आबादी एक लाख से अधिक ** आबादी एक लाख से कम
बेकार पानी में कारखानों से निकलने वाला बहिःस्राव भी शामिल है।
ज्वारनदमुख में नदियों के निचले भाग तथा मुख भी शामिल है।

मुंबई की महिम खाड़ी - सर्वाधिक प्रदूषित

हमारे देश में सर्वाधिक प्रदूषित क्षेत्रों में मुंबई के आस-पास के सागर का जल है। मुंबई महानगर से वर्ष में लगभग 3,650 लाख टन मलजल तथा बहिःस्राव समुद्रों में विसर्जित किया जाता है। अकेली महिम की खाड़ी में प्रतिदिन लगभग 64 मीट्रिक टन घरेलू मलजल तथा 0.9 मीट्रिक टन औद्योगिक अपशिष्ट प्रवाहित किया जाता है। प्रारंभ में इन अपशिष्टों को बिना किसी उपचार के विसर्जित किया जाता था, परन्तु अब इनका आंशिक उपचार किया जाता है। इस खाड़ी में प्रतिदिन ज्वार उठता है जिसकी अधिकतम ऊँचाई 8 मीटर तक पहुँच जाती है। मुंबई के तटीय जल में डाले गए कुल अपशिष्ट में महिम नदी का योगदान केवल 15% हैं। हाइड्रोकार्बन युक्त बहिःस्राव के विसर्जन ने खाड़ी को इतना प्रदूषित कर दिया है कि फिल्टर पत्र डुबोकर सहज

ही तेल प्राप्त किया जा सकता है। कभी इस क्षेत्र में अच्छी मात्रा में मछलियाँ, समृद्ध शक्ति-संस्तर, हरे-भरे सीमावर्ती मैंग्रोव तथा प्रवासी पक्षी थे। आज स्थिति यह है कि मात्स्यिकी का अस्तित्व नहीं है; क्योंकि वहाँ कोई भी प्राणिजात जीवित नहीं रह सकते हैं, न ही वहाँ पक्षी दिखाई देते हैं। अब वहाँ ज्वार के समय हाइड्रोजन सल्फाइड की तीव्र दुर्गंध आती रहती है, जिसके कारण से उसके पास से निकलना भी दूभर हो जाता है।

मुंबई क्षेत्र मे औद्योगिक अपजल सबसे अधिक थाना खाड़ी में डाले गए। तथा विभिन्न प्रकार के प्रदूषकों ने मत्स्य जीवन पर प्रतिकूल प्रभाव डाला है। इसके कारण मत्स्य पकड़ कम हो गई है तथा पकड़ी गई अधिकतम किस्में भी प्रदूषित पाई गई। खाड़ी में पकड़े गए केंकड़ों में पारे का स्तर 1.6 से 20 भाग प्रति 10 लाख के बीच था, जो अंतरराष्ट्रीय मानकों के अनुसार प्रदूषित माना जा सकता है। अवसादकोर में पारा समृद्ध परत लगभग 10-25 से.मी. थी तथा अवसादों में पारे की अधिकता 14 टन के बराबर सूचित की गई।

मुंबई की महिम खाड़ी में प्रतिवर्ष फेंके जाने वाले प्रदूषकों की मात्रा को सारणी 8.2 में दर्शाया गया है।

सारणी 8.2. मुंबई की महिम खाड़ी में प्रतिवर्ष फेंके जाने वाले प्रदूषकों की मात्रा

रचक	मात्रा टनों में
घुलनशील ठोस पदार्थ	92,619
क्लोराइड	37,495
निलंबित ठोस पदार्थ	15,649
सल्फेट	4,791
नाइट्रोजन	2,236
फास्फोरस	383
लोहा	162
मैंगनीज	32
जस्ता	16
तांबा	7
निकिल	5
कोबाल्ट	2
सीसा	0.7
प्रदूषकों की जैव रासायनिक ऑक्सीजन मांग	16,480

अध्ययनों से विदित हुआ है कि कोलकाता महानगर के घरेलू सीवेज में भारी धातुओं का आधिक्य है। इन भारी धातुओं के कुप्रभाव सुंदरवन के मेंग्रोव वृक्षों पर भी स्पष्ट दिखाई देते हैं. वहाँ मेंग्रोव की पत्तियों में 0.34 से 2.43 म्यू ग्राम प्रतिग्राम यूरेनियम पाया गया है। हमारे तटीय शहरों में कठिनता से 50 प्रतिशत आबादी को ही समुचित सीवेज व्यवस्था उपलब्ध है। इससे तटीय सागरों में कोलीफार्म बैक्टीरिया बड़ी संख्या में पाए जाते हैं।

सागर में पहुंचने पर घरेलू गंदगी के कार्बनिक पदार्थों का विघटन होने लगता है। पहले यह विघटन सूक्ष्मजीवों द्वारा होता है तथा बाद में सागर के पानी में विद्यमान बैक्टीरिया करने लगते हैं। इस क्रिया की जैव रासायनिक मांग इतनी अधिक होती है कि विसरण व प्रकाश संश्लेषण क्रियाओं द्वारा प्राप्त होने वाली ऑक्सीजन इस मांग को पूरा नहीं कर पाती, जिसके कारण सागर के पानी में घुली संपूर्ण ऑक्सीजन समाप्त हो जाती है। जैव रासायनिक विघटन के फलस्वरूप अंततोगत्वा कार्बन डाइऑक्साइड, अमोनिया एवं हाइड्रोजन सल्फाइड जैसी हानिकारक गैसें बनती है जो जीव जगत के लिये प्राणघातक होती है।

(2) **रक्त ज्वार** (Red tide)

सीवेज में विद्यमान कुछ पदार्थ पेड़ पौधों के लिये खाद के रूप में भी काम में लिए जा सकते हैं। जब सीवेज सागर में मिलता है तब वह समुद्री वनस्पति (पादप प्लैंकटन) के लिये खाद का काम करता है। पर ऐसा उसी समय होता है जब सीवेज अल्प मात्रा में ही सागर में मिलता है। उसकी मात्रा में बहुत अधिक वृद्धि हो जाने पर, जैसा कि प्रायः बड़े शहरों के निकट होता है, उसके भयंकर परिणाम होने लगते हैं। शहरी कचरे तथा सीवेज में काफी मात्रा में नाइट्रोजन, फास्फोरस एवं पोटैशियम के यौगिक होते हैं। कार्बनिक पदार्थों के बाद इनका भी जैव-विघटन होता है तथा ये ऐसे पदार्थों में बदल जाते हैं जो समुद्री वनस्पति के लिये अच्छी खाद का कार्य करते हैं। इसके कारण पादप प्लैंकटनों का, विशेषरूप से अवांछनीय डाइनोप्लेजलेटों का उत्पादन तेजी से होने लगता है। ये डाइनोफ्लेजेट इतनी अधिक होने लगता है। ये डाइनोफ्लेजेट इतनी अधिक मात्रा में उत्पन्न होने लगते हैं कि उनसे पानी गंदा हो जाता है। यह गंदलापन पानी में प्रकाश के प्रवेश एवं प्रकाश-संश्लेषण क्रिया में बाधक हो जाता है।

पादप प्लैंकटनों की अत्यधिक वृद्धि से एक और यह हानि होती है कि उनकी मृत्यु के बाद उनकी कोशिकाएं फटने लगती है जिससे नाइट्रोजन एवं फास्फोरस के लवण मुक्त होते हैं। ये लवण भी पादप प्लैंकटनों के उत्पादन को बढ़ाते हैं। इसके साथ ही पादप प्लैंकटनों की कोशिकाओं के विघटन से भी कार्बनिक पदार्थ बनते हैं। तथा अनेक बार इस प्रकार बनने वाले कार्बनिक पदार्थों की मात्रा घरेलू कचरे और सीवेज के कार्बनिक पदार्थों की मात्रा से बहुत अधिक हो जाती है। इस प्रकार बनने वाले पदार्थ सागर के छोटे क्षेत्र तक ही सीमित नहीं रहते, वरन् वे सागर को दूर-दूर तक प्रदूषित कर देते हैं। सागर के पानी मे नाइट्रोजन और फास्फोरस के

यौगिकों की मात्रा अत्यधिक हो जाने से शैवालों का उत्पादन बहुत तेजी से होने लगता है। इससे शैवालों की विभिन्न प्रजातियों के बीच प्राकृतिक संतुलन बिगड़ जाता है। अत्यधिक पोषक परिस्थितियों में शाकाहारी शैवालों की संख्या में असामान्य वृद्धि हो जाती है। इन परिस्थितियों में "नील हरित शैवाल" तथा ऐसे डाइनोप्लेजलेट, जो जंतुओं की भांति भोजन अंतर्गहण करते हैं और साथ ही पौधों की तरह प्रकाश संश्लेषण की क्रिया भी करते हैं, तेजी से बढ़ते हैं। इनको अन्य जीव नहीं खाते। इसलिये इनकी संख्या बढ़ती ही जाती है और ये पर्यावरण संबंधी अनेक समस्याएं उत्पन्न कर देते हैं।

कभी-कभी ये शैवाल तटों की ओर भी बहकर आ जाते हैं. तब ये मछलियों की मृत्यु और मनुष्य के स्वास्थ्य के संकट के सीधे कारण भी बन जाते हैं। अनेक निस्यंदी अशन (फिल्टर फीडिंग) जीव इन जहरीले शैवालों को अपने शरीर में संचित कर लेते हैं। निस्यंदी अशन जीव वे हैं जिनके मुँह में छन्ने जैसे अंग होते हैं। इन अंगों में से सागर का पानी गुजरता रहता है। पानी बाहर निकलता रहता है परन्तु जीव छनकर भोजननली में पहुंच जाते हैं। उनके भक्षण से मनुष्य के शरीर में भी रोग उत्पन्न हो सकते हैं। इस घटना को वैज्ञानिक "रक्त ज्वार" (Red tide) कहते हैं, क्योंकि डाइनोफ्लेजलेट के आधिक्य से सागर का पानी लाल रंग का दिखाई देने लगता है। वैसे अनेक सागरों में रक्त ज्वार समय-समय पर, प्राकृतिक कारणों से भी, आते रहते हैं। जब सागर की गहराइयों से पोषक तत्वों से भरपूर पानी जल्दी-जल्दी सतह पर आता है तब भी शैवालों की संख्या बहुत अधिक बढ़ जाती है। अवांछित, जहरीले शैवालो के भक्षण से मछलियों तथा अन्य समुद्री जीवों की बड़ी संख्या में मृत्यु होने लग जाती है। संयुक्त राज्य अमेरिका में फ्लोरिडा गल्फ के तट पर, वर्ष 1916 और 1964 के बीच तेरह बार रक्त ज्वार आए थे। सागर में सीवेज की मात्रा में वृद्धि होने से रक्त ज्वार जल्दी-जल्दी आने लगते हैं।

ज्ञातव्य रहे कि सागर का पानी हमेशा डाइनोफ्लेजलेटों के कारण लाल नहीं होता और न ही लाल पानी सदैव जहरीला होता है। लाल सागर का पानी एक नील हरित शैवाल के कारण लाल है। नाक्टीलुसा डाइनोफ्लेजलेट, जो समुद्री पानी को टमाटर के सूप जैसा लाल रंग प्रदान करता है, एक हानिरहित शैवाल है। इसके विपरित हिंद महासागर में पाया जानेवाला एक नील हरित शैवाल अनेक स्थानों पर विषैली परिस्थितियाँ उत्पन्न कर देता है।

कभी-कभी ऐसी आशंका भी बन जाती है कि पादप प्लैंकटनों की संख्या में अत्यधिक वृद्धि हो जाने के कारण सागर में पोषक तत्वों की कमी हो सकती है। ऐसा मात्र स्थानीय तौर पर ही हो सकता है, पूरे सागर के संदर्भ में नहीं; क्योंकि पादप प्लैंकटन पूरे विश्व सागर में विद्यमान नाइट्रोजन, फास्फोरस और सिलीकन की कुल मात्रा के केवल एक प्रतिशत भाग का ही उपयोग कर पाते हैं। यह तथ्य सारणी 8.3 से स्पष्ट हो जाता है।

सारणी 8.3 विश्व सागर में उपस्थित पोषक पदार्थों की अनुमानित मात्राएँ (करोड़ टन में)

	नाइट्रोजन	फास्फोरस	सिलिकन
विश्व सागर में भंडार	92,000	12,000	4,00,000
पादप प्लैंकटनों द्वारा वार्षिक खपत	960	130	–
नदियों द्वारा लाई जाने वाली वार्षिक मात्रा	1.9	1.4	430
घुली हुई	1.9	0.2	15
निलंबित	0	1.2	415
वर्षा द्वारा वार्षिक योग	5.9	0	0
तलछट के रूप में प्रतिवर्ष जम जाने वाली मात्रा	0.9	1.3	380

(3) पीड़क्रनाशी

हमारा देश कृषि प्रधान देश है इसलिये फसलों की रक्षा के लिए पीड़कनाशियों का बड़ी मात्रा में प्रयोग करना पड़ता है. जैसा कि विदित है रसायन विज्ञान के क्षेत्र में हो रही तीव्रतम प्रगति के फलस्वरूप ऐसे अनेकानेक रसायनों को विकसित कर लिया गया है, जो कीटों, कवकों, खरपतवारों, शाकों तथा सूक्ष्मजीवों आदि को नष्ट कर सकते हैं । ये रसायन "नाशक जीवनाशी" अथवा पीड़कनाशी (Pesticides) कहलाते हैं ।इनका पीड़कनाशी नाम अधिक प्रचलित है। अब तक एक हजार से अधिक पीड़कनाशी रसायन विकसित कर लिये गये हैं ।

आज स्थिति यह हो चुकी है कि पीड़कनाशियों के अवशेष विश्व के हर सागर और लगभग हर प्रजाति के समुद्री जीवों में मौजूद हैं । वे पादप प्लैंकटनों से लेकर समुद्री कीटों, सीपों, मछलियों और सागर के सबसे बड़े जीव ह्वेल के शरीर में भी पाए गए हैं । ये उन पक्षियों के शरीर में भी पहुँच गये हैं जो समुद्री मछलियों पर ही अपना जीवन निर्वाह करते हैं । खाद्य मछलियों, झींगों, लोबेस्टरों आदि के माध्यम से ये पीड़कनाशी अंततः मनुष्य के शरीर में भी जा पहुंचते हैं। सागर के जीवों के शरीर में पहुंचने के बाद ये तेलीय पदार्थों में घुल जाते हैं । परन्तु उपापचयी क्रियाओं से प्रभावित नहीं होते, इसलिये ये शरीर से बाहर नहीं निकलते तथा सांद्रित होते रहते हैं । इसी कारण ये अनेक प्रजातियों के समुद्री जीवों के शरीर में बहुत अधिक मात्रा में एकत्रित हो जाते हैं । सीपियाँ अपने आस-पास के पानी की तुलना में एक माह के भीतर ही 70,000 गुने तक डी.डी.टी. सांद्रित करती पाई गई है । यह देखा गया है कि प्रायः आर्गेनोक्लोरीन वर्ग के कीटनाशियों की अधिक सांद्रता समुद्री जीवों में प्रेक्षित की गई हैं, जबकि आर्गेनोफॉस्फेट वर्ग के कीटनाशी अपेक्षाकृत कम मात्रा में सांद्रित होते हैं ।

हमारे देश के पूर्वी और मध्य पश्चिमी तटों पर प्राप्त अवसादों में पीड़कनाशी अवशेषों पर हाल ही में किये गए अन्वेषण से नौ जैवक्लोरीन पीड़कनाशकों तथा उनके उपापचय का पता चला है । पूर्वी तट पर इन यौगिकों के अवशेषों के संकेंद्रण भाग प्रति 10 लाख के स्तर पर घटित

होते पाए गए हैं, जबकि पश्चिमी तट पर ये भाग प्रति एक अरब हैं। अरब सागर के प्राणिप्लवक में पीड़कनाशी अवशेषों का संकेन्द्रण तट से दूर जाने पर कम होता है; यह उसकी स्थलीय उत्पत्ति तथा वायु द्वारा परिवहन की ओर संकेत करता है। सारणी 8.4 में मछलियों तथा समुद्री स्तनधारियों में उपस्थिति डी.डी.टी. एवं पी.सी.बी. की सांद्रता को वर्णित किया गया है।

सारणी 8.4. मछलियों और समुद्री स्तनधारियों में उपस्थित डी.डी.टी. एवं पी.सी.बी. की सांद्रता (मि.ग्रा/किग्रा. ताजा भार)

परिक्षेत्र	जातियाँ एवं ऊतक	डी.डी.टी.	पी.सी.बी.
बाल्टिक	हेरिंग (वसा)	18-26	4.2-3.1
उत्तरी समुद्र	हेरिंग (ऊतक)	0.1	0.01-0.48
	काड	~10	~10
उत्तरी अटलांटिक	काड	<1-10	–
सेन्ट लारेंस की खाड़ी	काड	1.8	–
ग्रीन लैण्ड	काड	0.18-0.3	0.44-4.1
बारेन्ट्स सी	काड (यकृत)	<1.3	0.8-1.5

(4) पेट्रोलियम

हमारे देश के निकट के सागरों को सबसे अधिक हानि होती है पेट्रोलियम (खनिज तेल) से। ख़निज तेल से होने वाला सागरीय प्रदूषण आधुनिक घटना है। विचित्र प्रतीत होते हुए भी यह सत्य है कि आज से लगभग 70 वर्ष पूर्व जब न्यूयार्क एवं फिलाडेलफिया के पायलटों ने सागर पर तिरते हुए पेट्रोलियम के बड़े-बड़े धब्बे के बारे में लोगों की जानकारी दी तो उन्हें विश्वास ही नहीं हुआ। विश्व भर में जितना पेट्रोलियम अन्य देशों को भेजा जाता है उसका लगभग 43 प्रतिशत भाग अरब सागर और बंगाल की खाड़ी पर ही ढ़ोया जाता है। टैंकरों से रिस जाने, उनके दुर्घटनाग्रस्त हो जाने आदि से पेट्रोलियम सागर पर बिखर जाता है। सागर में स्थित कुओं में से भी तेल निकालते समय भी कुछ पेट्रोलियम गिर जाता है।

पेट्रोलियम यौगिक नहीं, मिश्रण है। इसका अर्थ यह है कि उसके रचक न तो सदैव एक जैसे रहते हैं और न हीं उनकी मात्रा समान होती है। वैसे पेट्रोलियम मुख्य रूप से एलिफेटिक तथा एरोमेटिक हाइड्रोकॉर्बनों का मिश्रण है। उसमें साइक्लोपैराफीन, पैराफीन आदि अनेक रचक भी होते हैं। पेट्रोलियम के हाइड्रोकार्बन सागर को प्रदूषित करते हैं। वैसे सागर में हाइड्रोकार्बन केवल पेट्रोलियम से ही नहीं आते वरन् समुद्री पौधों और जंतुओं के प्राकृतिक क्षय से भी आते हैं।

समुद्र में तेल गिरकर फैलने की पहली घटना 18 मार्च, 1967 को ग्रेट ब्रिटेन के दक्षिण पश्चिम समुद्र तट पर इंग्लिश चैनल के प्रवेश द्वार के निकट हुई, जिसमें लाइबेरिया के तेलवाही जहाज 'टेरी केन्योन' से 60,000 टन कच्चा तेल बाहर समुद्र में गिरा। यह तेल समुद्र के

किनारे-किनारे लगभग 160 किलोमीटर तक फैला, जिससे अनगिनत मछलियों तथा पक्षियों की मृत्यु हुई।

जनवरी 1969 में संयुक्त राज्य अमेरिका में सैंटा बारबरा के समुद्र तट से थोड़ी दूर तेल के एक कुँए में विस्फोट हुआ, जिससे 1000 गैलन प्रतिघंटे की दर से तेल बाहर निकलता रहा। इससे समुद्र तट भी क्षतिग्रस्त हुआ। वर्ष 1978 में एमैको काडिज दुर्घटना में 6.8 करोड़ गैलन तेल फ्रेंच कोस्ट में गिरा, जिससे समुद्री जीवन कुप्रभावित हुआ। इसी प्रकार 24 मार्च, 1989 को अलास्का के समुद्र तट से थोड़ी दूर अमेरिकी सुपर टैंकर "एस्कोन वाल्डेज" एक समुद्री चट्टान से टकराया, जिससे लगभग 30,000 टन तेल सागर में गिरा, जो 1,930 किलोमीटर तक फैला और लगभग एक लाख समुद्री पक्षियों की मृत्यु का कारण बना।

हमारे देश में वर्ष 1973 में एक तेलवाही जहाज "कॉस्मस पॉयनियर" के जमीन तल पर जा लगने से गुजरात के समुद्री तट पर लगभग 3,000 टन तेल फैल गया। वर्ष 1974 में लक्षद्वीप में एक अमेरिकी तेलवाही जहाज "ट्राशुरोन" के एक मूँगे की चट्टान से टकरा जाने से 5,000 टन विशिष्ट फर्नेस ऑयल पानी में बिखर गया। तेलवाही जहाज "लाजपत" से भी हजारों टन तेल मुंबई के पास सागर में गिरा। वर्ष 1989 में माल्टा के एक टैंकर से 5,500 टन फर्नेस ऑयल मुंबई से थोड़ी दूर सागर मे छलका था। इसी प्रकार वर्ष 1991 में खाड़ी युद्ध के दौरान कुवैत के समुद्र तट पर भारी मात्रा में तेल समुद्र में डाला गया। अलास्का की तेल-दुर्घटना की तुलना में खाड़ी क्षेत्र में डाले गये तेल की मात्रा 30 गुना अधिक थी। इसके कारण हुए प्रदूषण को दूर करने में लगभग दस वर्ष लगेंगे।

समुद्र पर तेल फैंकने से अनेक समुद्री जीवों की मृत्यु हो जाती है और वन्य जीवों के लिए पानी विषाक्त हो जाता है। कच्चे तेल में उत्परिवर्तनकारक कैंसरजनक तथा वृद्धिरोधक पदार्थ उपस्थिते होते हैं, जो समुद्री जीवों को नुकसान पहुँचाते हैं। कुछ पेट्रोलियम प्रभाजों की थोड़ी मात्रा (5-100 माइक्रोग्राम) भी सूक्ष्म शैवालों तथा अल्प वयस्क जीवधारियों को नष्ट कर देती है। समुद्र तट पर तेल प्रदूषण से मत्स्यपालन, मनोरंजन तथा सामान्य जनस्वास्थ्य पर कुप्रभाव पड़ता है। प्रदूषित क्षेत्रों में मछलियाँ दुर्गंधपूर्ण स्वाद देने लगती है तथा खाने योग्य नहीं रह जाती हैं। जल में मात्र 0.01 मिलीग्राम/लीटर तेल की मात्रा मछली में दुर्गन्ध उत्पन्न करने के लिये सक्षम होती है। तेल के कुछ अवयव जैसे बहुचक्रीय एरोमेटिक हाइड्रोकार्बन कैंसर उत्पन्न कर सकते हैं। ये पदार्थ मछली के मांस में एकत्रित पाए गए हैं। इस तरह की मछली को खाना मनुष्य के लिये हानिकारक हो सकता है।

पेट्रोलियम की जैव रासायनिक ऑक्सीजन मांग बहुत अधिक होती है। इससे उस पानी में, जिस पर पेट्रोलियम गिर जाता है, ऑक्सीजन की मात्रा बहुत कम हो जाती है। यह पानी में घुली ऑक्सीजन समुद्री जीवों के लिये अत्यन्त आवश्यक होती है। समुद्री जंतुओं पर पेट्रोलियम के शीघ्र और दीर्घगामी, दोनों तरह के, कुप्रभाव पड़ते हैं।

पेट्रोलियम प्रदूषण के दीर्घगामी प्रभावों में मछलियों में ऐसे अनेक रोग हो जाते हैं, जो महामारी की भांति फैलते हैं। इसके अतिरिक्त इस प्रदूषण के कुछ अन्य विचित्र परंतु

संवेदनशील प्रभाव भी देखे गए हैं। ऐसी अनेक क्रियाएं जो समुद्री जीवों के जीवन के लिए आवश्यक हैं, सागर के पानी में पेट्रोलियम रचकों की अत्यन्त सूक्ष्म मात्रा में उपस्थिति के कारण प्रभावित हो जाती हैं। इन क्रियाओं में किसी जीवधारी के नर-मादा का एक दूसरे की ओर आकर्षित होना, अपने शत्रुओं से रक्षा करना तथा अपना भोजन ढूंढना जैसी क्रियाएं भी शामिल होती है।

(5) भारी धातुएँ

यह देखा गया है कि सागर का पानी स्वयं अपने तटों की चट्टानों को घोलकर अथवा तोड़कर धातु यौगिकों को अपने अंदर ले जाता है। इसके साथ सागर में स्थित ज्वालामुखी भी समय-समय पर उसी प्रकार विस्फोटित होते रहते हैं जैसे थल पर स्थित ज्वालामुखी। धातुएं, चट्टानों आदि में विभिन्न यौगिकों के रूप में विद्यमान होती है। कुछ धातुएँ, यथा - तांबा, चांदी, सोना, आदि शुद्ध रूप में पाई जाती है। अपरदन, अपक्षयण, भूकंप, ज्वालामुखी आदि की क्रियाओं के फलस्वरुप ये पृथ्वी की ऊपरी सतह पर आ जाती हैं। वायु, ताप और मुख्य रूप से पानी की क्रियाओं से चट्टानें टूट-टूटकर बिखरने लगती हैं और धीरे-धीरे बारीक धूल में बदलने लगती है। इस धूल में से वर्षा और नदी-नालां का पानी धातु यौगिकों के कुछ भाग को अपने में घोल लेता है, पर अधिकांश भाग को, बिना घोले ही छितरा अवस्था में, अपने सात बहाकर सागर में ले जाता है। इस प्रकार धातु यौगिकों की बहुत बड़ी मात्राएँ सागर में मिलती है।

यद्यपि "भारी धातु" की कोई स्पष्ट परिभाषा नहीं है परन्तु रसायनविज्ञानी तथा अन्य वैज्ञानिक उन धातुओं को "भारी" मानते हैं जिनकी परमाणु संख्या 22 से लेकर 92 तक है। ये धातुएं रासायनिक तत्वों की आवर्त सारणी (Periodic Table) के तीसरे से लेकर सातवें आवर्तक में स्थान पाती है।

धातुओं द्वारा सागर को प्रदूषित करने की आशंका उस समय अधिक होती है जब वे समुद्री जीवों द्वारा कार्बनिक यौगिकों में परिवर्तित कर दी जाती हैं। अगर वे शुद्ध रूप से अथवा अपने अकार्बनिक यौगिकों के रूप में विद्यमान रहती हैं तब कुछ अपवादों को छोड़कर समुद्री जीवों के लिये विशेष हानिकारक नहीं होती। इसका एक प्रमुख कारण यह है कि अधिकांश जीवों को, जिनमें समुद्री जीव भी शामिल हैं, अपनी शारीरिक क्रियाओं के लिये कुछ धातुओं की जरूरत होती है। इसलिए जीव अपने शरीर में इन धातुओं को बड़ी मात्राओं में संचित कर सकते हैं। जीवों के भोजन ग्रहण करने के तरीके और कुछ उपापचयी क्रियाएं इस संचय क्षमता में बढ़ोतरी करती हैं। इस प्रकार जीव अपने इर्द-गिर्द के वातावरण की तुलना में कई सौ हजार गुनी मात्रा में धातुओं को संचित कर सकते हैं। इस संबंध में अकशेरूकी जंतु (बिना रीढ़वाले) कशेरूकी (रीढ़धारी) जंतुओं से बहुत अधिक सक्षम होते हैं। अनेक अकशेरूकी निस्यंदी अशन किस्म के जीव होते हैं। इसलिये वे प्लैंकटनों का आसानी से भक्षण कर लेते हैं। इनके मुँह में प्लैंकटनों के

साथ प्रदूषक तथा धातु यौगिकों के अवशेष भी रूक जाते हैं। इन धातु अवशेषों में कार्बनिक पदार्थों के साथ जटिल यौगिक बनाने की क्षमता होती है। इसलिए ये शरीर के विभिन्न ऊतकों में ही रह जाते हैं, शरीर से बाहर नहीं निकलते। इस प्रकार बहुत लंबे समय तक धातुएँ जंतुओं के शरीर में ही रहती है तथा उनकी विभिन्न क्रियाओं को प्रभावित करती है।

भारी धातुओं की विषाक्तता के उदाहरणस्वरूप वर्ष 1953 में जापान के एक द्वीप क्यूश के पश्चिमी तट पर मछुआरों की आबादीवाले एक कस्बे "मिनीमाता" में अचानक कुत्ते-बिल्लियों तथा बाद मे मछुआरों के मरने के कारणों की जाँच करने पर पता चला कि रोगग्रस्त होने वालों ने निकट के सागर से शैलफिश तथा फिनफिश पकड़कर खाई थी। शेलफिशों को पकड़कर उनके जब परीक्षण किये गये तो उनके शरीर में पारद यौगिकों की मात्रा बहुत अधिक पाई गई। मछलियों के विभिन्न अंगों में धातुओं की औसत सांद्रता को सारणी 8.5 में दर्शाया गया है।

सारणी 8.5. मछलियों के विभिन्न अंगों धातुओं की औसत सांद्रता

मछलियाँ	पारा	कैडमियम	सीसा
शारीरिक अंग	(गीले वजन पर प्रति दस लाख भाग की दर से औसत मात्रा)		
मांसपेशियाँ	0.07	0.59	1.11
यकृत	0.01	20.18	3.8
गलफड़े	0.016	0.42	3.14
हृदय	0.026	0.54	1.36
गुर्दे	0.015	9.02	8.61
जनन ग्रंथि	0.015	1.25	1.36

इसी प्रकार एक अन्य उदाहरण जापान का भी है। इसमें कैडमियम यौगिकों से प्रदूषित समुद्री जीवों को खाने से लोग बीमार हुए और काल के ग्रास बने। यह रोग "इटाइ-इटाइ" नाम से जाना गया।

इसी प्रकार एक अन्य घटना वर्ष 1965 में हालैण्ड के तट पर मछलियों के अत्यधिक संख्या में मरने से हुई जिसमें नीले थोथे को पानी में अधिक मात्रा में प्रेक्षित किया गया। उन दिनों में हालैण्ड के तटों को छूने वाले सागर के पानी में तांबे की मात्रा 500 म्यूग्राम प्रतिलीटर हो गई थी, जबकि सामान्यतः यह केवल 3 म्यूग्राम प्रतिलीटर ही होती है। सागर में कितनी मात्रा में धातुएँ नदियों द्वारा पहुँचती हैं और कितनी मानवजन्य कार्यों से वार्षिक रूप में पहुंचती है, इसका वर्णन सारणी 8.6 में दिया गया है।

सारणी 8.6. सागर में नदियों तथा मानव जन्य कार्यों से धातुओं की मात्रा
(वार्षिक मात्रा, हजार टनों में)

धातुएँ	नदियों द्वारा लाई गई	मानवजन्य कार्य
लोहा	25,000	3,19,000
मैंगनीज	440	1,600
तांबा	375	4,460
जस्ता	370	3,930
निकिल	300	358
सीसा	180	2,330
मॉलिण्डनम	13	57
चांदी	5	7
पारा	3	7
टिन	1.5	166
एंटीमनी	1.3	40

यह देखा गया है कि धातुओं की विषाक्तता भी एक सी नहीं होती है। कुछ धातुएँ मनुष्य के लिये घातक हो सकती है परन्तु समुद्री जीवों के लिये नहीं। अतः कुछ प्रमुख धातुओं के लिए वैज्ञानिकों ने प्रयोग किए हैं और उनमें एक विचित्र बात पाई हैं (सारणी 8.7) कि मनुष्य के लिए जो धातुएं अत्यन्त विषाक्त होती हैं वे अनेक बार समुद्री जंतुओं के लिये बहुत कम विषाक्त होती हैं।

सारणी 8.7. सगर में कुछ प्रमुख धातुओं की घातकता (घटते क्रम में)

मनुष्य के लिए	समुद्री जीवों के लिए
पारा	पारा
कैडमियम	ताँबा, जस्ता,
चाँदी	निकिल, कैडमियम
निकिल	आर्सेनिक, क्रोमियम,
सीसा	टिन, लोहा
आर्सेनिक	मैंगनीज
क्रोमियम	एलुमिनियम
टिन	बेरिलियम
जस्ता	लिथियम

भारतीय जल में कुछ स्थानों पर समुद्री जीवजात में विषाक्त धातुओं के स्तर पर की गई जांच से संकेत मिलता है कि इनका स्तर मानवीय उपयोग के लिये विश्व स्वास्थ्य संगठन द्वारा निर्धारित अधिकतम सीमा के नीचे हैं, तथापि जल, अवसाद तथा समुद्री जीवजात में विषाक्त धातुओं की उपस्थिति के कारण इसके लगातार मानीटरन (Monitoring) की आवश्यकता है।

(6) रेडियोधर्मी पदार्थ

समुद्री पानी में रेड़ियोधर्मिता का पता बहुत पहले यानि वर्ष 1906 में ही बेकरल द्वारा प्रथम रेडियोधर्मी पदार्थ (यूरेनियम) की खोज के मात्र 10 वर्ष बाद ही चल गया था। विगत कुछ दशकों में मनुष्य के क्रिया-कलापों के फलस्वरूप सागर की रेडियोधर्मित में वृद्धि हुई है, परन्तु प्राकृतिक कारणों से भी सागर रेडियोधर्मी होता रहा है। यद्यपि ऐसा विगत करोड़ों-अरबों वर्षों से होता आ रहा है। प्रकृति में दो प्रकार के रेडियोधर्मी पदार्थ पाए जाते हैं। पहले प्रकार के पदार्थों में पृथ्वी के जन्म के समय उपस्थित रेडियोधर्मी पदार्थ तथा उनके विघटन के फलस्वरूप निर्मित पदार्थ शामिल है। दूसरे प्रकार के पदार्थ सुदूर अंतरिक्ष से आनेवाली कॉस्मिक किरणों की वायुमंडलीय तत्वों के सात क्रियाओं के परिणामस्वरूप उत्पन्न हुए हैं।

सागर में रेडियोधर्मिता की मात्रा में भयंकर वृद्धि नाभिकीय परीक्षणों तथा नाभिकीय रिएक्टरों की स्थापना के बाद हुई है। सागर के पानी में पाए जाने वाले अधिकांश प्राकृतिक रेडियोधर्मी पदार्थ तीन तत्वों से ही उत्पन्न हुए हैं। ये हैं, पोटैशियम (^{40}k), थोरियम (^{232}Th) तथा यूरेनियम (^{238}U)। इनमें भी सबसे अधिक योगदान पोटैशियम का ही है। उसके क्षय से ही 90 प्रतिशत से भी अधिक प्राकृतिक रेडियोधर्मी पदार्थ बने हैं। सागर में पाए जानेवाले प्रमुख रेडियोधर्मी पदार्थ का विवरण सारणी 8.8 में दिया गया है।

सारणी 8.8. सागर में पाए जाने वाले प्रमुख रेडियोधर्मी पदार्थ

रेडियोधर्मी आयन	अर्द्धायु वर्षों में	सागर में सांद्रता (ग्राम/लीटर)
ट्रिटियम (^{3}H)	12	3.2×10^{-18}
बेरीलियम (^{10}Be)	27,00,000	1.0×10^{-13}
कार्बन (^{14}C)	5,500	3.1×10^{-14}
सिलिकन (^{32}Si)	710	–
पोटैशियम (^{40}K)	1,30,00,00,000	4.5×10^{-5}
रुबीडियम (^{87}Rb)	50,00,00,00,000	3.4×10^{-6}
रेडियम (^{226}Ra)	1,600	8.0×10^{-14}
थोरियम (^{228}Th) (Rd Th)	1.9	4.0×10^{-18}
रेडियम (^{228}Ra)	6.7	1.4×10^{-17}

थोरियम (^{230}Th)	80,000	6.0×10^{-13}
प्रोटैक्टिनम (^{231}Pa)	32,000	5.0×10^{-14}
थोरियम (^{232}th)	14,00,00,00,000	2.0×10^{-8}
यूरेनियम (^{235}U)	71,00,00,000	1.4×10^{-8}
यूरेनियम (^{238}U)	4,50,00,00,000	2.0×10^{-6}

कृत्रिम रूप से रेडियोधर्मी पदार्थ तीन प्रकार से बन सकते हैं - प्लूटोनियम तथा यूरेनियम जैसे भारी तत्वों के पारमाणविक नाभिकों के विखंडन से, स्थायी पारमाणविक नाभिकों पर न्यूट्रानों की वर्षा (न्यूट्रॉन प्रेरण) तथा ट्रिटियम और ड्यूटेरियम जैसे हल्के तत्वों के संयोजन से ।

सागर में विद्यमान कृत्रिम रेडियोधर्मी पदार्थों के विवरण को सारणी 8.9 में दर्शाया गया है ।

सारणी 8.9. सागर में विद्यमान कृत्रिम रेडियोधर्मी पदार्थ

विखंडन उत्पाद	अर्द्धायु
स्ट्रॉंशियम (^{89}Sr)	50.4 दिन
स्ट्रॉंशियम (^{90}Sr); यट्रियम (^{90}y)	28 वर्ष,64.6 घंटे
यट्रियम (^{91}y)	58 दिन
जिरकोनियम (^{95}Zr) नियोबियम (^{95}Nb)	63.3 दिन, 35 दिन
रुथेनियम (^{106}Ru), रोहडियम (^{106}Rb)	1.0 वर्ष, 30 सैकंड
टेलूटियम ($^{129}m\ Te$)	33 दिन
आयोडिन (^{129}I)	1,60,00,000 वर्ष
सीजियम (^{137}Cs); बेरियम (^{137}Ba) -	30 वर्ष,2-6 मिनट
सीरियम (^{144}Ce)	32.5 दिन
प्रैसिओडाइमियम (^{144}Pr)	290 दिन 17.5 मिनट
नियोडाइमियम (^{144}Nd)	2.0×10^{15} वर्ष
प्रोमेथियम (^{147}pm); समेरियम (^{147}Sm)	2.5 वर्ष 1,30,00,00,00,000 वर्ष
आयोडीन (^{131}I)	8.05 दिन
बेरियम (^{140}Ba)	12.8 दिन
प्रेरित पदार्थ -	
फास्फोरस (^{32}P)	14.3 दिन
गंधक (^{35}S)	87.1 दिन
क्रोमियम (^{51}Cr)	27.8 दिन
मैंगनीज (^{54}Mn)	300 दिन

फैरस (^{55}Fe)	2.94 वर्ष
फेरिक (^{59} Fe)	45.1 वर्ष
कोबाल्ट (^{57}Co)	270 दिन
कोबाल्ट (^{58}Co)	72 दिन
कोबाल्ट (^{60}Co)	5.27 वर्ष
जस्त (^{65}Zn)	2.45 दिन
रजत (^{110}m Ag.)	249 दिन
कैडमियम (^{113m}Cd)	14 वर्ष
बोलफ्राम (185 W)	74 दिन
वोलफ्राम (^{187} W)	24 घंटे

सागर के अंदर और छोटे-छोटे टापुओं पर नाभिकीय परीक्षण करने से सागर के पानी में रेडियोधर्मिता प्रत्यक्ष रूप से बहुत बढ़ गई, जबकि नाभिकीय रिएक्टरों से उसमें परोक्ष रूप से काफी वृद्धि हुई है। अनेक स्थानों पर परमाणविक ईंधन संयंत्रों से, पाइप लाइन के माध्यम से, द्रव रेडियोधर्मी कचरा सीधा सागर में डाल दिया जाता है। यह कचरा यदि समुचित रूप से ठिकाने नहीं लगाया जाए तो वह मनुष्य लिए बहुत घातक हो सकता है। आजकल उसे ठिकाने लगाने का सर्वोत्तम उपाय गहरे सागर में फेंक देना ही समझा जाता है।

नाभिकीय विस्फोटों के दौरान बड़ी मात्रा में रेडियोधर्मी "मलबा" उत्पन्न होता है और इसमें दो सौ से भी अधिक भिन्न-भिन्न प्रकार के रेडियोधर्मी समस्थानिक (Isotopes) हो सकते हैं। ये समस्थानिक धूलि के रूप में होते हैं। इसलिये विस्फोट में उत्पन्न प्रभंजनों के साथ वायुमंडल में ऊपर उठ जाते हैं। भिन्न-भिन्न समस्थानिकों के कणों के गिरने की दर अलग-अलग होती है। इनके गिरने के तरीके और दर पर विस्फोटित की जाने वाली युक्ति की किस्म, विस्फोट के तरीके, उनकी भौगोलिक स्थिति, मौसम, पवन वेग, वर्षा आदि के प्रभाव पड़ते हैं।

समुद्री जीव दो तरीकों से रेडियोधर्मी पदार्थ ग्रहण करते हैं - सीधे समुद्री पानी से भौतिक अधिशोषण द्वारा अथवा विशिष्ट आयनों के जटिल विनिमय द्वारा तथा दूसरा ऐसे जीवों अथवा पदार्थों का भक्षण करके जो पहले ही रेडियोधर्मी पदार्थ अपने शरीर में संचित कर चुके हों।

अनेक समुद्री जीव रेडियोधर्मी समस्थानिकों को अपने शरीर में बहुत अधिक मात्रा में संचित कर लेते हैं। इस प्रकार उनके शरीर में, इर्द-गिर्द के समुद्री पानी की तुलना में कई हजार-लाख गुनी मात्राओं में रेडियोधर्मी पदार्थ सांद्रित हो जाते हैं, जिसके फलस्वरूप उनके शरीर में रेडियोधर्मिता बहुत बढ़ जाती है जो नुकसानप्रद होती है। सारणी 8.10 में प्रमुख समुद्री जीवों द्वारा रेडियोधर्मी पदार्थों की सांद्रण क्षमता का विवरण दिया गया है।

सारणी 8.10. प्रमुख समुद्री जीवों द्वारा रेडियोंधर्मी पदार्थों की सांद्रण क्षमता

रेडियोधर्मी पदार्थ	पादप प्लैंकटन	तंतुमय शैवाल	कीट लार्वे	मछली
सोडियम	500	500	100	100
तांबा	2,000	500	500	50
दुर्लभ मृदाएं	1,000	500	200	100
लोहा (फैरिक)	2,00,000	1,00,000	1,00,000	10,000
फास्फोरस	2,00,000	1,00,000	1,00,000	1,00,000
स्ट्राँशियम/यट्रियम	75,000	5,00,000	1,00,000	20-30, 000

रेडियोधर्मिता में वृद्धि होने से जीवों में कायिक परिवर्तन तथा उत्परिवर्तन अपेक्षाकृत अधिक शीघ्र और अधिक गंभीर होने लगे हैं। परन्तु इन दुष्प्रभावों का सही मूल्यांकन करना सदैव आसान नहीं होता है। ऐसा उस समय विशेष रूप से होता है जब प्राकृतिक पर्यावरण में जंतुओं पर बहुत थोड़ी मात्रा में लंबे समय तक रेडियोधर्मी विकिरणें पड़ती रहती हैं। वैसे नाभिकीय विस्फोट स्थलों के समीप भी इन दुष्प्रभावों को स्पष्ट रूप से ज्ञात नहीं किया जा सकता है। अनेक बार ऐसे स्थलों के नजदीक मछलियाँ तथा अन्य जंतु रेडियोधर्मिता से नहीं वरन् विस्फोट के शॉक से भी मर जाते हैं। वैसे भी जिन जीवों पर रेडियोधर्मी विकिरणें पड़ती हैं, वे भी, उसी जगह और उसी समय नहीं मरते। विकिरणों से प्रभावित होने के बाद वे विस्फोट स्थल से बहुत दूर जा सकते हैं तथा काफी दिनों तक जीवित भी रह सकते हैं। एक अन्य संभावना यह भी हो सकती है कि रेडियोधर्मिता के प्रभावस्वरूप मछलियाँ तथा अन्य जंतु इतने कमजोर हो जाए कि उन भक्षी जीवों द्वारा जिनसे वे आमतौर से अपनी रक्षा कर लेते हैं, खा लिए जा सकते हैं। वर्ष 1958 में मार्शल द्वीप समूह पर किए गए नाभिकीय विस्फोट के बाद बड़ी संख्या में शाकाहारी मछलियाँ मरी पाई गई। बाद में पता चला कि उन्होंने ऐसी समुद्री खरपतवार अधिक मात्रा में खा ली थी जिसमें अधिक मात्रा में रेडियोधर्मी आयोडीन सांद्रित हो गया था। कालांतर में इन शाकाहारी मछलियों का भक्षण मांसाहारी मछलियों ने कर लिया और वे भी रेडियोधर्मी आयोडीन की अधिकता से मर गई।

वैज्ञानिकों ने परीक्षणों के आधार पर पाया है कि सरल जंतु जटिल जंतुओं की अपेक्षा रेडियोधर्मी विकिरणों के प्रति अधिक रोधी होते हैं। इसके अतिरिक्त आपस में संबंधित वंशों के जीवों में भी, विकिरणों के प्रति संवेदनशीलता अलग-अलग होती है जिसे इस प्रकार दर्शाया गया है।

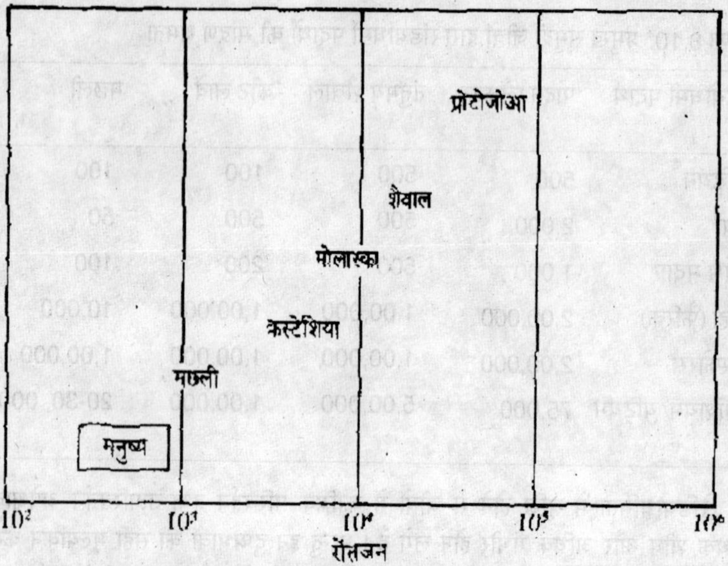

सागर की रेडियोधर्मिता मनुष्य के लिये उस समय सबसे अधिक हानिकारक होती है जब रेडियोधर्मी पदार्थ तटीय सागरों और ज्वारनदमुखों में उपस्थित होते हैं। सागर के ये क्षेत्र ही मनुष्य के लिये सर्वाधिक उपयोगी होते हैं। समुद्री रेडियोधर्मी प्रदूषण के प्रभाव मनुष्यों पर बाह्य और आंतरिक दोनों स्त्रोतों से पड़ते है। भोजन या पानी के साथ ग्रहण किए गए कुछ रेडियोधर्मी समस्थानिकों से शरीर की रासायनिक संरचना में परिवर्तन आ जाते हैं जिसके फलस्वरुप कोई गंभीर बीमारी, यहाँ तक कि मृत्यु भी, हो सकती है। रेडियोधर्मी स्ट्रॉशियम शरीर में पहुंचकर कैल्शियम का स्थान लेने का प्रयत्न करता है, जिसके परिणामस्वरूप अस्थि विकृतियां तथा कैंसर हो सकता है। प्रायः रेडियोधर्मी आयोडीन से थायराइड कैंसर की संभावना होती है।

7. कोरल भित्तियों और मैंग्रोव वनों पर प्रभाव

कोरल भित्तियाँ लगभग संपूर्ण हिंद महासागर में पाई जाती है। हमारे देश में ये भित्तियाँ उत्तरी-पश्चिमी और दक्षिणी-पूर्वी तटों पर लक्षद्वीप और अंडमान-निकोबार समूह के टापुओं में मौजूद हैं। इनकी आयु 2000 वर्षों से अधिक है। इन भित्तियों पर भी प्रदूषण, विशेष रूप से पेट्रोलियम् से होने वाले प्रदूषण, के कुप्रभाव पड़े हैं। इसके फलस्वरूप अनेक स्थानों पर, विशेष रूप से लक्षद्वीप के करावती क्षेत्र में और ग्रेट निकोबार द्वीप के दक्षिणी भाग में, ये भित्तियाँ नष्ट हो गई हैं। सागर तटों पर उगने वाले मैंग्रोव वृक्षों के वन सागर के जीवधारियों के लिये बहुत उपयोगी होते हैं। उनके दलदली क्षेत्रों में व्यापारिक दृष्टि से महत्वपूर्ण अनेक जातियों की मछलियाँ अंडे देती हैं और उनके बच्चे भी पलते हैं। मेंग्रोव के वन थल और सागर के बीच बफर क्षेत्र का कार्य करते हैं।

अनेक क्षेत्रों में खेती और आवास के लिये मेंग्रोव के वनों का उन्मूलन कर दिया गया है। भारतीय प्रवाल भित्तियों के लिये वर्तमान प्रबंधन तथा संरक्षण उपाय अपर्याप्त है।

प्रदूषण एवं तटीय पारितंत्र

भारतीय तटों पर उद्योगों द्वारा समुद्र में डाला जाने वाला औद्योगिक अपशिष्ट लगभग 0.41×10^9 घनमीटर प्रतिवर्ष आकलित किया गया है। तटीय जनसंख्या द्वारा समुद्र में डाला जाने वाला घरेलू मलजल 4.1×10^9 घनमीटर प्रतिवर्ष है। यह अनुमान लगाया गया है कि भारतवर्ष में लगभग 50 लाख टन उर्वरकों, 55 हजार टन कीटनाशकों तथा 125 हजार टन कृत्रिम अपमार्जकों का उपयोग होता है। इनका एक बहुत बड़ा भाग तटीय जल में चला जाता है। इन पदार्थों की यथेष्ट मात्रा जैव निम्नीकरणीय है, जबकि अन्य मात्रा जैवनिम्नीकरणीय नहीं है। लंबे समय तक इनका संचित प्रभाव तटीय समुद्री पर्यावरण के लिये बहुत हानिकारक हो सकता है। उदाहरण के तौर पर वर्ष 1959 से 1984 की अवधि में मुंबई के निकट तटीय जल में फॉस्फेट-फास्फोरस संकेद्रण 0.82 से 2 माइक्रोमोल प्रतिलीटर तक बढ़ गया।

प्राणिजात एवं मात्स्यिकी

हमारे देश में समुद्री मात्स्यिकी निकटतटीय जल में लगभग 60 मीटर गहराई तक संकेद्रित है। तटीय पट्टी में प्रग्रहण मात्स्यिकी की घटती प्रवृत्ति दिखाई देती है। इसका कारण प्रदूषण अथवा सीमा से अधिक विदोहन माना जाता है। व्यस्त पत्तनों तथा बंदरगाहों में जहाजों से हुआ प्रदूषण तथा तलकर्षण समुद्र तलीय जल में ऑक्सीजन की उपलब्धता को घटा देता है, जिसमें परिस्थितियाँ लगभग अवायुवीय (Anaerobic) हो जाती है। नितलस्थ प्राणिजात पूरी तरह समाप्त हो जाता है, जिसके परिणामस्वरूप मात्स्यिकी में महत्वपूर्ण कमी आती है। जैसे, मुंबई बंदरगाह में मत्स्य क्षेत्र दिनोंदिन तट से और अधिक दूरस्थ जल में हटता जा रहा है। तथा मछुआरों को तट से 10 कि.मी. से भी अधिक दूर जाना पड़ता है। इसी प्रकार ग्रोवा ज्वारनदमुख में सीपी उत्पादन में 70% कमी प्रेक्षित की गई है।

हमारे देश के सागर तटीय क्षेत्र तथा उनमें उत्पन्न प्रदूषण का विवरण इस प्रकार है।

देश का क्षेत्रफल	3.3×10^6 वर्ग किलोमीटर
सागर तटीय जनसंख्या	21 करोड़
सीमांतर्गत जलक्षेत्र	0.13×10^6 वर्ग कि.मी.
एकान्तिक आर्थिक क्षेत्र	2.015×10^6 वर्ग कि.मी.
कच्छ वनस्पति	6.70×10^3 वर्ग किलोमीटर
ज्वारनदमुख	35.0×10^3 वर्ग किलोमीटर

पश्चजल	35.0×10^3 वर्ग किलोमीटर
नदियों का बहाव	1645 घन किलोमीटर / वर्ष
सागर तट पर उद्योगों की संख्या	450
पश्चिमी सागर तट	232
पूर्वी सागर तट	218
औद्योगिक बहिस्राव	0.6×10^9 घन मीटर/वर्ष
घरेलू मलजल	10.9×10^9 घन मीटर/वर्ष
अपशिष्ट और कचरा	4 करोड़ टन/वर्ष
तट पर डामर का जमाव पश्चिमी तट	750 - 1000 टन/प्रतिवर्ष
पूर्वी तट	आंकडे अनुपलब्ध

इस प्रकार हम देखते हैं कि हमारे निकटवर्ती सागर भी तेजी से प्रदूषित होते जा रहे हैं। यद्यपि वे अन्य सागरों की अपेक्षा गंदी झीलों में तो नहीं बदले हैं परन्तु तटवर्ती क्षेत्रों की आबादी, तो प्रभावित होने लगी है। अतः समय रहते प्रदूषण निवारण के बारे में ध्यान देना समय की मांग है।

अध्याय - 9

महासागर सुरक्षा एवं विकास

जैसा कि विदित है सागर एवं थल तथा परिणामस्वरूप थलीय जीव-जंतुओं के बीच एक अत्यंत जटिल एवं संवेदनशील संबंध है। अतः सागर पर पड़नेवाले दुष्प्रभाव थल और उसके प्राणियों पर भी अवश्य पड़ते हैं। प्रदूषण के फलस्वरूप सागर में ऐसी क्रियाएँ हो रही है जिससे सागर को बहुत हानि हो रही है तथा यदि यही हाल रहा तो बहुत शीघ्र ही समुद्रों में जीव-जंतु बिल्कुल ही समाप्त हो जाएंगे। परन्तु उससे पहले वे जीव प्रदूषकों के कारण इतने विषैले हो जाएंगे कि मनुष्य के लिए उनका भक्षण घातक हो जाएगा और उनके भक्षण से अनेकानेक रोग हो जाएंगे। आज हम हमारी द्रुत गति से बढ़ रही जनसंख्या के भरण-पोषण के लिये सागर का आश्रय लेने का सोच रहे हैं, परन्तु प्रदूषण का यदि समय रहते नहीं निवारण किया गया तो हमारी योजना क्रियान्वित नहीं हो सकेगी। अतः यह नितांत आवश्यक है कि सागर को भी थल की तरह प्रदूषण से मुक्त किया जाए तथा महासागर की सुरक्षा हेतु अधिनियम बनाए जाय।

जैसा कि पूर्व अध्याय में वर्णित किया जा चुका है कि सागर में प्रदूषक प्राकृतिक एवं मानवजन्य, दोनों, तरीकों से पहुँचते हैं। परंतु प्राकृतिक प्रदूषकों की मात्रा और विषाक्तता मानवजन्य प्रदूषकों की तुलना में बहुत कम है। मानवजन्य प्रदूषक मुख्यतः थल पर ही, जहाँ मनुष्य रहता है, उत्पन्न होते हैं। अतः सागर में व्याप्त प्रदूषण को रोकने का सबसे अच्छा उपाय है कि प्रदूषकों को थल पर ही उपचारित कर लिया जाए और यदि वे समुचित रूप से हानिरहित पदार्थों में परिवर्तित नहीं किए जा सकते तब उन्हें सागर तक पहुंचने से रोका जाए।

सामान्यतया यह माना जाता है कि सागर में कार्बनिक पदार्थ थल की अपेक्षा अधिक तेजी से विघटित होते हैं। तथा यह भी अनुमान किया जाता है कि वहाँ उन पर जैवक्रियाएं अधिक सुचारू रूप से तथा शीघ्रता से होती हैं, जबकि तथ्य इसके परे हैं। सागर में कार्बनिक पदार्थों का विघटन थल की अपेक्षा दस से सौ गुना मंद गति से होता है। इस तथ्य की खोज भी अनायास ही एक दुर्घटना के फलस्वरूप हो गई थी। इस कारण हम प्रायः सागर पर टूटी प्लास्टिक की बोतलें तथा स्टायरीन की वस्तुएँ तैरती हुई देखते हैं। वैसे प्लास्टिक के कण समुद्री पौधों, तथा जंतुओं से चिपक जाते हैं। इन कणों में पॉलीक्लोरिनेटेड बाइफेनिल भी होते हैं। ये पॉलीक्लोरिनेटेड

बाइफेनिल पीड़कनाशी होते हैं तथा सागर को प्रदूषित करते हैं। महासागरों की सुरक्षा के लिये यह जरूरी है कि उनमें हो रहे प्रदूषण को रोका जाए।

प्रदूषण निवारण

विज्ञान तथा प्रौद्योगिकी द्वारा चिंतनशील एवं शक्तिशाली मनुष्य ने प्राकृतिक संसाधनों का इस ढंग से उपयोग किया है जिससे पारितंत्र का संतुलन बिगड़ गया है तथा जिसके फलस्वरूप भौतिकवाद एवं प्रकृतिवाद के बीच समन्वय एवं सहयोग का संबंध प्रायः समाप्त हो गया है। हमारे जनोपकारी ऋषि-मुनियों ने सदैव प्रकृति की आराधना, अर्चना तथा प्रार्थना करके पारितंत्र को संतुलित बनाये रखा है। आज स्थिति विपरीत हो चुकी है कि हम पंच महाभूतों- आकाश, पृथ्वी, वायु, जल तथा अग्नि को रक्षित करने के बजाय उन्हें प्रदूषित कर अपने जीवन, दर्शन तथा सांस्कृतिक मूल्यों का भी प्रतिरोध कर रहे हैं।

यह देखा गया है कि घरेलू कचरे, सीवेज, औद्योगिक अपशिष्ट, रेडियोधर्मी व्यर्थ पदार्थ आदि को सागर में फेंकने के पीछे लोगों की यही धारणा रहती है कि सागर अत्यन्त विशाल है तथा उसमें पानी की मात्रा बहुत अधिक है। यद्यपि सागर की विशालता तथा उसमें भरे पानी की अपार मात्रा के संदर्भ में उसमें डाले जाने वाले प्रदूषकों की मात्रा बहुत कम होती है। तथापि आज ज्वारनदमुख और तटीय सागर ही नहीं वरन् गहरे सागर भी प्रदूषित हो चुके हैं। इसका प्रमुख कारण एक भ्रांति है कि सागर के पानी आपस में तेजी से मिलते रहते हैं। तथा उसमें डाले गये पदार्थ बहुत शीघ्र ही पूरे सागर में फैल जाते हैं। वस्तुतः ऐसा नहीं होता है। नदियों द्वारा बहाकर लाए गये हानिकारक पदार्थों की बहुत अधिक मात्रा ज्वारनदमुखों अथवा अपेक्षाकृत उथले महाद्वीपीय शैल्फों में ही पड़ी रह जाती है तथा प्रदूषण फैलाती है। इसी प्रकार तटीय सागर में फैंके गए व्यर्थ पदार्थ भी वही पड़े रह जाते हैं।

यदि प्रदूषकों को सागर में ऐसे स्थानों पर डाला जाय जहाँ पानी जल्दी-जल्दी आपस में मिलता रहे तो वे शीघ्र तनुकृत हो जाएंगे और उनकी सांद्रता इतनी कम हो जाएगी कि वे किसी भी जीव को हानि नहीं पहुंचा पाएंगें। इसके बार में लगभग तीन दशक पूर्व न्यूयार्क बाइट (न्यूयार्क खाड़ी) में एक प्रयोग किया गया था। उस बाइट में लोहे और गंधक के तेजाब डाले गये थे। फिर पानी को जल्दी-जल्दी मिलाया गया था। कुछ समय बाद परीक्षण करने पर पानी में इन दोनों पदार्थों की सांद्रता बहुत कम पाई गई थी।

इसी प्रकार मैक्सिकों की खाड़ी में, तट से 180 किलोमीटर दूर, बड़ी मात्रा में क्लोनित एलीफैटिक हाइड्रोकार्बन, कागज मिल के बहिःस्राव तथा अन्य औद्योगिक अपशिष्ट डाले गये थे। वे विषैले तथा घातक पदार्थ थे। आमतौर पर उन्हें नदियों में नहीं बहाया जाता। परन्तु जहाँ ये पदार्थ डाले गये वहाँ पानी जल्दी-जल्दी मिलता रहता है। कुछ दिन बाद यह देखा गया कि इन पदार्थों की पानी में सांद्रता का स्तर हानिरहित पाया गया।

इस प्रकार प्रदूषकों को उपयुक्त स्थानों पर सागर में डालने से उनके हानिकारक प्रभावों से

बचा जा सकता है। इस संबंध में यह आशंका सही रहती है कि इन स्थानों के समुद्री जीव नष्ट हो जाएंगे। विश्व सागर में ऐसे स्थान जहाँ पानी स्वाभाविक रूप से जल्दी-जल्दी आपस में मिलता रहता है अथवा जहाँ उसे यंत्रों द्वारा मिलाया जा सकता है, बहुत कम है और उनका फैलाव भी काफी सीमित है। अतएव वहाँ होने वाले प्रभाव स्थानीय होंगे और सागर के अधिकांश क्षेत्रों पर उनका असर नहीं पड़ेगा।

पेट्रोलियम जन्य प्रदूषण से मुक्ति

हमारे वैज्ञानिक कई वर्षों से पेट्रोलियम जन्य प्रदूषण का सागर से उन्मूलन हेतु प्रयासरत है। यद्यपि इस कार्य हेतु कई विधियाँ सुझाई गई हैं जो समुद्री जीवों तथा अंततः मनुष्य के लिए हानिकारक न हों। परन्तु इन सभी में सबसे सरल है किसी चूषक युक्ति से तेल की परत को चूस लेना। बंदरगाहों और थल के अंदर घुसी खाड़ियों को तेल प्रदूषण से मुक्ति दिलाने के लिए यह विधि बहुतायत में प्रयोग में लाई जाती है। इस विधि को खुले समुद्रों के, बड़े क्षेत्र में फैले तेल को दूर रखने के लिये उपयोग में नहीं लाया जा सकता है।

बिखरे हुए तेल को उस पर उपयुक्त अवशोधक पदार्थ फैलाकर भी दूर किया जा सकता है। इस हेतु पॉलीयूरेथेन फोम बहुत उपयोगी सिद्ध हुआ है। तेल की सतह पर यह फोम फैला दिया जाता है। वह तेल को अवशोधित कर लेता है, फिर उस फोम को एकत्रित करके फेंक दिया जाता है। कुछ वैज्ञानिकों ने पॉलीयूरेथेन फोम के स्थान पर लकड़ी का बुरादा उपयोग करने के भी सुझाव दिये हैं। तेल की परत पर बारीक, अधिक घनत्ववाला, चूर्ण फैलाकर उसे तली पर बैठाया जा सकता है। स्टीयरेट से उपचारित चाक चूर्ण एक ऐसा ही पदार्थ है जिसे छोटे क्षेत्र में बिखरे तेल को ही निस्तारित किया जा सकता है। इसी प्रकार टैंकरों से बड़ी मात्रा में तेल छलक जाने पर अथवा टैंकर दुर्घटनाग्रस्त हो जाने पर तेल बड़े क्षेत्र पर बिखर जाता है। इसके लिए किसी छितराने वाले पदार्थ (डिस्परसेंट) को उपयुक्त घोलकों में घोलकर तेल की परत पर, एक पतली परत के रूप में, फैला दिया जाता है और फिर सागर की परत को विलायकों में मथा जाता है। इससे तेल बहुत छोटी बुंदकियों में बंट जाता है। अपमार्जक को छितराने वाले पदार्थ के रूप में काम में लिया जा सकता है।

ब्रिटेन के वैज्ञानिकों ने एक ऐसा पदार्थ विकसित किया है जो अपने वजन से 30 गुना अधिक तेल सोख लेता है। सागर पर बिखरे पेट्रोलियम को दूर करने में भारतीय वैज्ञानिक डॉ. आनंद एम. चक्रवर्ती का भी विशेष योगदान है। संयुक्त राज्य अमेरिका की जनरल इलेक्ट्रिक कंपनी की प्रयोगशाला में अपने अनुसंधानों के दौरान, कुछ वर्ष पूर्व डॉ. चक्रवर्ती ने स्यूडोमोनास (Pseudomonas) बैक्टीरिया का ऐसा विभेद विकसित किया है जो पेट्रोलियम भक्षी है। इस विभेद में उसके अपने आनुवंशिक पदार्थ के साथ उसी जाति के (Pseudomonas) अन्य चार विभेदों के डी.एन.ए. (प्लाज़्मिड) भी विद्यमान होते हैं। ये प्लाज़्मिड, जो कोशिका में स्वतंत्र रूप से मौजूद होते हैं, पेट्रोलियम के चार भिन्न-भिन्न रचकों को विघटित कर देते हैं। डॉ. चक्रवर्ती के इस

आविष्कार से पूर्व व्यर्थ पेट्रोलियम के भक्षण हेतु विभिन्न विभेदों के बैक्टीरियाओं का कार्य एक ही विभेद कर सकता था। अतः निश्चय ही यह एक उपलब्धि है। वर्ष 1954 में समुद्र को तेल से प्रदूषित होने से बचाने के लिये एक अंतरराष्ट्रीय सम्मेलन आयोजित किया गया था। इस सम्मेलन में लिए गए निर्णयों के अनुसार टैंकरों को तट से कम से कम 80 किलोमीटर दूर धोया जाना चाहिये, जिसस उसका तेल तट के समीप न आए। इसके अलावा खाड़ियों में न तो टैंकरों को धोना ही चाहिए, न ही उन तेलवाहक जहाजों को ठहराना चाहिए, जिनमें 20 हजार टन से अधिक तेल भरा हो।

जनसंख्या वृद्धि भी बाधक

यह देखा गया है कि किसी भी प्रकार के प्रदूषण को आगे बढ़ाने में जनसंख्या विस्फोट का महत्वपूर्ण योगदान होता है। अतः जनसंख्या की वृद्धि पर अंकुश लगाये बिना प्रदूषण नियंत्रण की समस्या पूर्ण रूप से क भी हल नहीं हो पाएगी। आज हमारे देश की जनसंख्या एक अरब तक पहुँच चुकी है। इस कारण हमारे उपलब्ध संसाधन कम पड़ने लगे हैं तथा उनका अत्यधिक दोहन भी घातक है। अतः बढ़ते हुए प्रदूषण को रोकने हेतु द्रुत गति से बढ़ रही जनसंख्या को रोकना भी जरूरी है।

रसायन एवं सीवेज

आज खेती करने, ईंधन जुटाने तथा भवन-निर्माण एवं उद्योगों के लिये वृक्ष काटने का मिला-जुला परिणाम है, बड़े-बड़े ढालों का वृक्षहीन हो जाना, वर्षा ऋतु में इन ढालों से मिट्टी का कट जाना और नदियों में गाद जमा हो जाना। यह गाद अंततः सागर में पहुंचती है। गाद की मात्रा बढ़ने का एक अन्य कारण बांधों का निर्माण भी है। कृषि उत्पादन में वृद्धि करने के लिए प्रयुक्त उर्वरकों, पीड़कनाशियों आदि को सागर में पहुँचने से रोकने का सर्वोत्तम उपाय है उनका इस प्रकार उपयोग करना कि वे कम से कम मात्रा में पानी के साथ बहें और पवनों के साथ उड़ें। कीटनाशकों की कम से कम मात्रा का उपयोग करना चाहिए तथा उनको हवाई जहाज आदि से बिल्कुल भी नहीं छिड़कना चाहिए। क्योंकि ऐसा देखा गया है कि जहाज से छिड़कने पर कीटनाशकों की 50 प्रतिशत मात्रा खेतों तक पहुँचती ही नहीं वरन् वायुमंडल को प्रदूषित करती हुई, अंततः सागर में जा पहुँचती है और उसे प्रदूषित कर देती है। अतः कीटनाशकों का इस प्रकार प्रयोग किया जाय कि अत्यल्प मात्रा ही उड़ें।

जैसा कि पूर्व में वर्णित किया जा चुका है अनुपचारित सीवेज के सागर में पहुँचने से रक्त ज्वार आने तथा तटीय प्रदेशों में महामारी फैलने की आशंका बढ जाती है। अतः सीवजे से सागर को प्रदूषित होने से बचाने का सर्वोत्तम उपाय है थल पर ही उसका उपचार करना। यह कार्य सामूहिक तथा निजी दोनों स्तर पर हो सकता है। इससे अधिक मात्रा में खाद, ईंधन, गैस और पानी भी मिल जाता है।

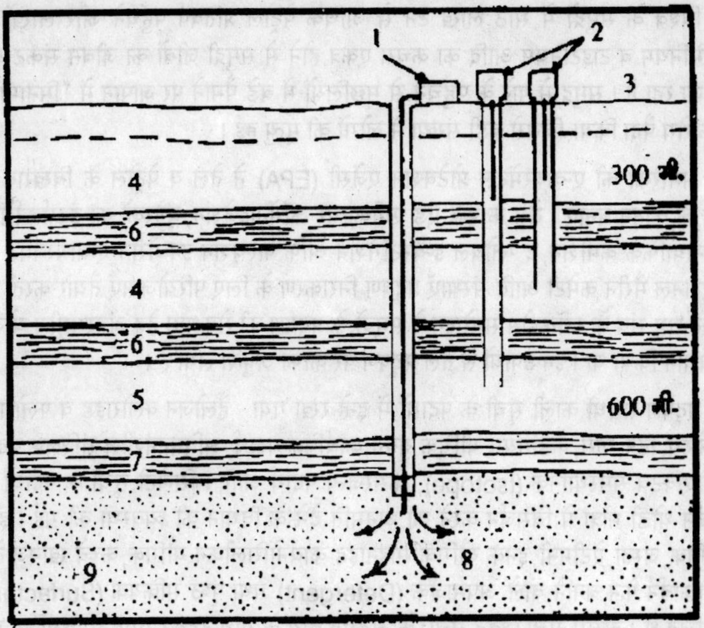

चित्र 9.1 द्रव पदार्थ को ठीक करने का तरीका

आज हमारे देश में भी घरेलू कचरे को जलाकर बिजली बनाने के लिए कारखाने स्थापित किए जा रहे हैं। इसी प्रकार देश में, गांवों में घरेलू कचरे और खेत की छीजन से खाद (कंपोस्ट) बनाने की भी पुरानी प्रथा है। इससे न केवल पुराने पदार्थ ठिकाने लग जाते हैं वरन् खेती के लिए भी खाद मिल जाती है।

घरेलू तथा औद्योगिक बेकार, गंदे पानी तथा हानिकारी विषैले द्रव पदार्थ को भी गहरे अंतः क्षेपण कूपों (छिद्रों) में ठिकाने लगाया जा सकता है। ये छिद्र कई हजार मीटर गहरे होते हैं जो अपेक्षाकृत अपारगम्य, विभंगरोधी, चट्टानों वाली बेसिनों तक, जिनमें शैल या नमक की जमावटें होती हैं, जाते हैं। इन छिद्रों के पास मॉनीटर कूप भी खोदे जाते हैं (चित्र 9.1) जिनसे यह पता चलता है कि हानिकारी द्रव भू जल में तो नहीं मिल रहा है।

सागर में रेडियोधर्मी प्रदूषण को रोकने हेतु यह आवश्यक है कि समुचित उपचार के बाद ही रेडियोधर्मी अवशेषों को सागर में फेंका जाए।

हमारे देश में राष्ट्रीय समुद्र विज्ञान संस्थान, गोवा, केंद्रीय लवण तथा समुद्री रसायन अनुसंधान संस्थान, भावनगर, सेंटर फॉर अर्थ साइंस स्टडीज, त्रिवेन्द्रम, सेंटर फॉर मेथेमेटिकल मॉडलिंग एंड कंप्यूटर सिम्युलेशन, बंगलौर, रीजनल रिसर्च लेबोरेट्री, त्रिवेन्द्रम तथा राष्ट्रीय पर्यावरण इंजीनियरी अनुसंधान संस्थान, नागपुर द्वारा इस दिशा में उपयुक्त जानकारी और आंकड़े जुटाने तथा प्रदूषण नियंत्रण की प्रणालियों के विकास का कार्य किया जा रहा है।

विश्व के समुद्रों में साठ लाख टन से अधिक पेट्रोल प्रतिवर्ष पहुँचने और लाखों टन एल्युमिनियम व टाइटेनियम आदि का कचरा एकत्र होने से समुद्री जीवों का जीवन संकट ग्रस्त होता जा रहा है। समुद्र में पारे के पहुँचने से मछलियों में बड़े पैमाने पर जापान में "मिनामाता" नामक रोग पैदा किया, जिससे बड़ी संख्या में लोगों की मृत्यु हुई।

अमेरिका की एन्वायरमेंटल प्रोटेक्शन एजेंसी (EPA) ने तेल व पेट्रोल के बिखराव को रोकने के कानून बनाए। रोम के फूड एंड एग्रीकल्चर ऑर्गेनाइजेशन, यूनेस्को का इंटर्गवर्नमेंटल ओशनोग्राफिक कमीशन, द ग्लोबल इन्वेस्टीगेशन ऑफ पॉल्यूशन इन मैरीन एन्वायरनमेंट एंड इंटरनेशनल मैरीन कमेटी आदि संस्थाएँ प्रदूषण निराकरण के लिए परियोजनाएँ तैयार करती हैं। संयुक्त राष्ट्र संघ के स्टॉकहोम सम्मेलन ने समुद्रों के प्रदूषण की रोकथाम हेतु अंतरराष्ट्रीय योजना का विधान किया था। इन उपायों से तेल प्रदूषण पर काफी अंकुश लगा है।

प्रदूषण संबंधी काली सूची के पदार्थों में इन्हें रखा गया - हैलोजन क्लोराइड व फ्लोराइड, फास्फोरस, टिन, पारा, कैडमियम यौगिक युक्त कार्बनिक पदार्थ, अविघटनशील संश्लिष्ट पदार्थ, रेडियोएक्टिव समस्थानिक (Isotope), कैंसरजन्य पदार्थ आदि। सिलेटी सूची के पदार्थों का विसर्जन थोड़ी मात्रा में विसर्जन करने की अनुमति देने के विधान की व्यवस्था की गई। इनमें आर्सेनिक, जस्ता, ऐंटीमनी, इनके यौगिक साइनाइड कार्बनोसिलीकन यौगिक, कच्चे खनिज तेल, हाइड्रोकार्बन फेन बनाने वाले अपमार्जक (Detergent) तथा पृष्ठ सक्रियक (Surfactant) सम्मिलित थे। तीसरी सूची (श्वेत सूची) के अंतर्गत वायु के साथ उड़कर समुद्र में विसर्जित होने वाले स्थलीय पदार्थ शामिल किए गए। देश के तटीय सागर में प्रदूषण का अध्ययन करने वाली संस्थाओं एवं उनके क्षेत्र को सारणी 9.1 में दर्शाया गया है।

सारणी 9.1. देश के तटीय सागर में प्रदूषण का अध्ययन करने वाली संस्थाएं एवं उनके कार्य क्षेत्र

क्र.सं.	संस्थान	तट क्षेत्र
1	केन्द्रीय नमक और रासायनिक अनुसंधान संस्थान, द्वारका	कांडला से द्वारका तक
2	राष्ट्रीय सागर विज्ञान संस्थान, मुंबई	द्वारका से रत्नागिरी तक
3	राष्ट्रीय सागर विज्ञान संस्थान, गोवा	रत्नागिरी से मंगलौर तक
4	राष्ट्रीय सागर विज्ञान संस्थान क्षेत्रीय केन्द्र, कोचीन	नए मंगलौर से कोचीन तक
5	भू विज्ञान अध्ययन केन्द्र एवं क्षेत्रीय अनुसंधान प्रयोगशाला, तिरुवअंनतपुरम	अल्लपी से कन्याकुमारी तक
6	केन्द्रीय वैद्युत रासायनिक अनुसंधान संस्थान क्षेत्रीय केन्द्र, तूतीकोरन	मंडपम से आंध्र की सीमा तक
7	राष्ट्रीय सागर विज्ञान संस्थान, क्षेत्रीय केन्द्र, वाल्तेयर	आंध्रप्रदेश का तट
8	क्षेत्रीय अनुसंधान प्रयोगशाला, भुवनेश्वर	उड़ीसा तट

9	केंद्रीय प्रदूषण नियंत्रण मंडल का क्षेत्रीय कार्यालय, कोलकाता	पश्चिमी बंगाल तट
10	अंडमान सागर विज्ञान केन्द्र	अंडमान एवं निकोबार के तट
11	लक्षद्वीप सागर विज्ञान केन्द्र	लक्षद्वीप समूह के तट

महासागर पर तापमान में वृद्धि तथा ओजोन क्षरण का प्रभाव

यह प्रमाणित हो चुका है कि वायुमंडल के तापमान में वृद्धि होने तथा ओजोन क्षरण के कारण सागर भी प्रभावित हो चुके हैं। इनसे होने वाली विषम संभावनाओं की जानकारी निम्नवत हैं।

(1) हिमखंडों के पिघलने से महासागरों के जल का घनत्व और जल के बहाव में परिवर्तन होगा। इससे महासागरों की भौतिक अवस्था में परिवर्तन आएगा।

(2) उत्तरी ध्रुव की बर्फ कम होगी। वहाँ जल पोतों के अधिक आवागमन के कारण संवेदनशील पारितंत्र प्रभावित होगा।

(3) पराबैंगनी किरणों की बहुलता के कारण पादप-प्लवकों (Phytoplankton) की मात्रा में 20 प्रतिशत तक कमी होगी।

(4) दक्षिण ध्रुव में बर्फ का क्षेत्र कम होने से "क्रिल" की संख्या प्रभावित होगी, इससे पूरा भोजन-तंत्र प्रभावित होगा और कई ह्वेल प्रजातियों के उपलब्ध आहार में कमी आएगी।

(5) बड़ा सागर तल तटीय क्षेत्रों में वर्षा बढ़ाएगा। अतः प्रदूषण भार में वृद्धि होगी।

(6) अधिक वर्षा के साथ नदियों का बढ़ाव बढ़ेगा। इससे पोषक तत्वों, रसायनों, मल-जल, बैक्टीरिया तथा वायरस की मात्रा महासागरों में बढ़ेगी।

(7) जल के अधिक तापमान तथा पोषक तत्वों की प्रचुरता के कारण लाल पादप प्लवकों का क्षेत्र बढ़ेगा जो बैक्टीरिया की मात्रा बढ़ाते हैं। बैक्टीरिया की बहुलता के कारण शैलफिश रोगग्रस्त होंगे और ऑक्सीजन की मात्रा कम होगी। ऑक्सीजन की कमी मछलियों के लिये घातक होगी।

(8) समुद्री जीवों में बैक्टीरिया और वाइरसों से पनपने वाले रोगों में वृद्धि होगी।

(9) सागर तल में वृद्धि होने से दलदली क्षेत्र डूब जाएंगे।

महासागर विकास

भारत सरकार ने जुलाई 1981 में महासागर विकास विभाग की स्थापना की। इसको समुद्री सर्वेक्षण, अनुसंधान विकास, समुद्री संसाधनों, जनशक्ति और समुद्र- प्रौद्योगिकी के प्रबंधन व विकास का दायित्व सौपा गया। इसके अतिरिक्त बड़े सागरों में पर्यावरण सुरक्षा का कार्य भी इसे सौंपा गया। इसके निम्नांकित उद्देश्य थे -

(i) समुद्री जंतुओं और वनस्पतियों का पता लगाना।

(ii) समुद्र की भूगर्भीय विशेषताओं का पता लगाना तथा जलधाराओं की खोज करना।

(iii) समुद्री संसाधनों के उपयोग व विकास को बढ़ाना।

(iv) सागरीय पर्यावरण का अध्ययन, अनुकूलन और सुरक्षा व्यवस्था करना, सुरक्षित नौवाहन, मौसम की जानकारी, समुद्री संसाधनों की खोज, और प्रबंधन में सहायता तथा तटीय क्षेत्रों की सुरक्षा करना।

(v) समुद्र विज्ञान, प्रौद्योगिकी व प्रबंधन से जुड़े कर्मियों में इस कौशल में पहल करने की क्षमता का विकास करना तथा

(vi) अंतरराष्ट्रीय क्षेत्र में सागर विज्ञान और प्रौद्योगिकी क्षेत्र में अपनी सही भूमिका निभाना।

आठवीं योजना को लक्ष्य में रखकर इस विभाग के निम्नलिखित उद्देश्य निर्धारित किए गए

(अ) समुद्री संसाधनों और पर्यावरण विशेष कर तट के आसपास के संसाधनों और विकास को आधुनिक स्वरूप देना। तटीय क्षेत्रो व द्वीपों में उपयुक्त तकनीकी का विकास करके रोजगार की गतिविधियों को बढ़ाना।

(ब) अंतरराष्ट्रीय समुद्री संसाधनों में दीर्घकालीन राष्ट्रीय हितों की कारगर तरीके से, सुरक्षा करना।

इनमें हिंद महासागर के मध्यवर्ती क्षेत्र के गहरे जल से बहुधात्विक पिंडों की प्राप्ति तथा अंटार्कटिका अभियान भी सम्मिलित है।

(स) व्यापक अंतरराष्ट्रीय परिप्रेक्ष्य वाले इस क्षेत्र में मूलभूत विशेषज्ञता अर्जित करना जिससे व्यावहारिक सुविधाओं की दृष्टि से महत्वपूर्ण राष्ट्रीय हितों का संवर्धन हो सके।

समुद्री अनुसंधान : समस्याएँ व समाधान

समुद्री जल के भीतर आँख से देखना असभंव है। इसलिए गोताखोर विशेष मुखावरण पहनते हैं। समुद्र में गहराई बढ़ने के साथ-साथ जल दाब भी बढ़ता जाता है। जल की सतह पर वायु-दाब लगभग दस मीटर जल दाब के बराबर और जल के दस मीटर नीचे यह दाब बीस मीटर पर यह सतह के दाब का तिगुना और चालीस मीटर गहराई पर इसका दाब पांच गुना हो जाता है। समुद्र की अधिक गहराइयों में इस दाब का प्रतिरोध करने के लिये गोताखोर दाब प्रतिरोधी रक्षा कवच पहनते हैं। समुद्री गोताखारों द्वारा साँस लेने के लिये उपयोग में आने वाले उपकरण को "स्कूबा" (Scuba, Self contained underwater breathing Apparatus) कहा जाता है। समुद्री गोताखोरों को समुद्र की गहराईयों में उतारने अर्थात् लाने-ले जाने के लिये विशेष प्रकार के संपुट (कैप्स्यूल) विकसित किए गए हैं, जिससे उनके श्वसन और संचार की व्यवस्था होती है। इसी क्रम में "जल-फेफड़ें" बेथीस्फियर और बेथीस्कैफ जैसी युक्तियों का आविष्कार किया गया है। अब अनेक स्वचालित पनडुब्बियों द्वारा,

शक्तिशाली फ्लैश कैमरों तथा टेलीविजन कैमरों द्वारा समुद्र की गहराई में खोज का कार्य किया जा रहा है।

गोताखोर पैरों में रबर के फ्लिपर पहनते हैं, ताकि पानी को चीरकर वे तेजी से आगे बढ़ सके। 1943 ई. में दो फ्रांसीसी इंजीनियरों ने जल फेफड़ों की खोज की थी। यह उपकरण ऑक्सीजन से भरी दो बोतलों के रूप में था, जिसे गोताखोर अपनी पीठ पर बांध लेता और बोतलों से जुड़ी दो नलियों को अपने मुंह में घुसा लेता था। ऐसे जल-फेफड़े, मुखावरण तथा फ्लिपर से सुसज्जित गोताखोरों ने लगभग 100 मीटर की समुद्री गहराई तक पहुँचकर वहाँ के जीवों का अध्ययन किया तथा उनके फोटों भी खींचे। ऐसे गोताखोरों को फ्रॉगमैन (Frogman) कहा जाता है। बैथीस्फियर नामक ढ़ाई टन वजन का एक कैप्स्यूल बनाया गया। इसके द्वारा नो सौ मीटर गहराई तक पहुँचा जा सका। वर्ष 1954 में स्विट्ज़रलैण्ड में एक वैज्ञानिक ने बैथीस्कैफ नामक एक कैप्स्यूल तैयार किया। ऐसे ही एक कैप्स्यूल में बैठकर 1960 में डॉन वैल्श और जेम्स पिकार्ड लगभग ग्यारह हजार मीटर की गहराई तक पहुँच सके थे।

भारत में समुद्री अनुसंधान

जैसा कि वर्णित किया जा चुका है हमारे देश में जुलाई 1981 में भारत सरकार द्वारा नए विभाग के रूप में महासागर विकास की स्थापना की गई है। वर्ष 1980 के दशक में समुद्र प्रौद्योगिकी के क्षेत्र में अग्रणी निवेशक के रूप में भारत का नाम उजागर हुआ। तत्पश्चात् सागर-संपदा, सागर कन्या और गवेषणी नामक बहुउद्देश्य अनुसंधान जलयानों की सहायता से सजीव एवं निर्जीव संसाधनों के सर्वेक्षण हेतु विभिन्न योजनाएँ तैयार की गई। मध्य हिंद महासागर में भारत को आवंटित खनन स्थल के गहन सर्वेक्षण, मानचित्र तैयार करने के लिये आंकड़े जुटाने, बंगाल की खाड़ी के मोंटब्लेक्स प्रेक्षण, कैरीबियन संसार में संसाधनों व पर्यावरणी सर्वेक्षण तथा समुद्र विज्ञान व प्रौद्योगिकी के विविध पक्षों में प्रशिक्षण आदि से संबंधित अनुसंधान तथा प्रसार कार्य भी हुए हैं। इसके अतिरिक्त समुद्री पर्यावरण की रक्षा के लिए तटीय प्रदूषण नियंत्रण उपायों का भी विकास हुआ है।

देश में प्रयोगात्मक तरंग ऊर्जा के उत्पादन के लिये विंझिजम बंदरगाह के पास 2500 टन कंक्रीट का संयंत्र स्थापित किया गया है। इसमें कुछ मानिटरिंग यंत्रों को छोड़कर इसकी संपूर्ण प्रणाली व उपकरणों को स्वदेश में तैयार किया गया है।

सागरीय अन्वेषण को अधिक गति प्रदान करने हेतु राष्ट्रीय महासागर विकास संस्थान, डोना पॉला, की स्थापना गोवा में वर्ष 1966 में वैज्ञानिक तथा प्रौद्योगिकी अनुसंधान परिषद् के अंतर्गत की गई। इस संस्थान का मुख्य उद्देश्य था भारत के आस-पास के समुद्र में सजीव और निर्जीव संसाधनों को ज्ञात करना तथा इनकी प्राप्ति के लिये प्रौद्योगिकी का विकास करना। यह संस्थान समुद्री खाद्य पदार्थों की पैदावार बढ़ाने के लिये विशेष रूप से प्रयत्नशील है।

हमारे देश में महासागर विकास विभाग ने विगत एक दशक में अनेकानेक उपलब्धियाँ अर्जित की है, जो कि इस प्रकार हैं -

(i) मत्स्य सहकारिता के क्षेत्रों में सूचना देने के लिये फैक्स मशीनों द्वारा राष्ट्रीय सूचना सेवा की शुरुआत तथा मछुआरों को कम लागत वाली दोहरी संचार प्रणाली प्रदान की गई।

(ii) मुंबई, गोवा, कोलकाता, विशाखापत्तनम, कोचीन, और वेरावल में पांच ज्वार मापन केन्द्रों की स्थापना तथा समुद्री ज्वार के सही मापन के लिये मारयूगोवा बंदरगाह में राष्ट्रीय संदर्भ ज्वार मापन केन्द्र की स्थापना।

(iii) राष्ट्रीय समुद्री सूचना केन्द्रों पर आधारित राष्ट्रीय महासागर सूचना प्रणाली की रचना और विकास क्रम में समुद्री भू विज्ञान, भू भौतिकी, समुद्र विज्ञान, ज्वार स्तर, मछलियों और समुद्री प्रदूषण आदि से संबंधित आंकड़े उपलब्ध कराने की व्यवस्था।

(iv) जलवायु की जांच और वायुमंडल विज्ञान संबंधी विशेष अनुसंधान तथा राष्ट्रीय महासागर विज्ञान संस्थान, गोवा में जैव राष्ट्रीय पदार्थों के नमूनों के संरक्षण के लिये एक संग्रहालय की स्थापना।

यह प्रेक्षित किया गया है कि समुद्र तटीय संरचनाओं को समुद्र की भयंकर लहरों का निरंतर सामना करना होता है। इसके लिए भारतीय प्रौद्योगिकी संस्थान चेन्नई, के महासागर इंजीनियरी केन्द्र में जर्मनी के जी.टी.जैड कार्यक्रम के अंतर्गत तथा भारत सरकार के सहयोग से अनेक द्रवगतिकीय परीक्षण सुविधाएँ विकसित की गई है जो बहुत-उपयोगी है।

अंटार्कटिका अभियान में भारत की उपलब्धियाँ -

अंटार्कटिका अभियान का लक्ष्य वैज्ञानिक और आर्थिक महत्व के अध्ययन और कार्यक्रमों की पहचान व पहल करना था। इसके अंतर्गत राष्ट्रीय समुद्र विज्ञान संस्थान, गोवा के तत्कालीन निदेशक प्रो. स.अ. कासिम के नेतृत्व में अंटार्कटिका का पहला अभियान दिसंबर, 1981 शुरु हुआ। वर्ष 1983 में इसको अंटार्कटिका ट्रीटी ऑफ 1959 की सदस्यता, सलाहकार सदस्य के रूप में, प्राप्त हुई। वैज्ञानिक अनुसंधान समिति की सदस्यता भी भारत को वर्ष 1984 में मिली। अंटार्कटिका के समुद्री जैव संसाधनों के संरक्षण के लिये 17 जुलाई, 1985 में हुए सम्मेलन के प्रस्तावों को भारत ने मान्यता प्रदान की। इसी क्रम में अक्टूबर, 1991 में अंटार्कटिका ट्रीटी के सदस्यों ने अंटार्कटिक में तेल तथा अन्य खनिजों के अनुसंधान व खनन के लिये स्वीकृति दी। हमारे देश में इस क्षेत्र में विस्तृत अन्वेषण कार्य हेतु दक्षिणी गंगोत्री तथा मैत्री नामक मानवयुक्त स्थायी अनुसंधान केन्द्रों की स्थापना क्रमशः वर्ष 1983-84 एवं 1988-89 में की गई। देश के समुद्र विकास विभाग द्वारा गोवा में एक अंटार्कटिका अध्ययन केन्द्र की स्थापना की गई है। विशेष बात यह है कि इस अत्यन्त जटिल और बहु आयामी अभियान में भारत ने पदार्थ, तकनीकी तथा जैविक स्तर पर अनेक अनुसंधानों के आधार पर उपलब्धियाँ अर्जित की है।

महासागरों से पीने योग्य जल

समुद्र के किनारे के रेतीले क्षेत्रों में, जहाँ पीने के पानी के स्रोतों का अभाव हैं, समुद्री जल को साफ करके पीने योग्य बनाया जा रहा है। इस प्रक्रिया को विलवणीकरण कहते हैं। यद्यपि यह क्रिया शुरुआत से चल रही है। महासागरों के लवणीय जल के वाष्पीकरण से बादल बनते हैं, जो संघनित होकर पृथ्वी पर बरसते हैं और मृदुजल के स्रोत हैं। मनुष्य को सदियों से ज्ञात है कि यदि गंदे पानी को उबालकर उसकी वाष्प को ठंडा किया जाए तो साफ पानी बनता है। ईसा के पूर्व चौथी शताब्दी में अरस्तू को इस क्रिया की जानकारी थी। आज से लगभग 1700 वर्ष पूर्व भी नाविक लंबी समुद्री यात्राओं में इसी विधि से पीने का पानी प्राप्त करते थे।

अब तक विश्व में लगभग 8000 विलवणीकरण संयंत्र स्थापित किये जा चुके हैं, जिनसे लगभग 180 खरब घनमीटर मृदुजल का उत्पादन होता है। लवण को समुद्री जल से पृथक करने के लिये निर्जलीकरण प्रौद्योगिकी में निम्नलिखित महत्वपूर्ण बिन्दु है -

(अ) सौर आसवन

(ब) विद्युत अपोहन (Electrodialysis) इसमें आयन पृथक करने वाली झिल्लियों का उपयोग होता है।

(स) फ्लैश आसवन - इसमें गरम लवणीय पानी को वायुमंडलीय दाब से कम कर नियोजित कक्षों की श्रृंखला में से गुजारकर भाप को एकत्रित करके अलवणीय जल प्राप्त किया जाता है, तथा

(द) उत्क्रम परासरण - इसमें उपयुक्त परासरण झिल्लियाँ कारगर साबित होती है, जो उच्च दाब पर समुद्री जल को डालने पर लवणों को अलग कर देती हैं।

अंतरराष्ट्रीय भू-भौतिकी वर्ष -

वर्ष 1957 में अंतर्राष्ट्रीय भू-भौतिकी वर्ष के आरंभ होने पर सागर के बारे में ज्ञान अर्जित के कार्य में बहुत तेजी आई है। इसके अंतर्गत चालीस देशों के साठ से अधिक अनुसंधान पोतों ने भाग लिया। अंध महासागर के विशेष अध्ययन के इस कार्य में यूरोपीय देशों और अमेरिका ने प्रमुख रूप से भाग लिया था। इस दौरान विशेष बात यह थी कि हिंद महासागर के अनुसंधान अभियान की योजना तैयार की गई।

हिंद महासागर के अध्ययन का अंतरराष्ट्रीय अभियान वर्ष 1962 में आरंभ हुआ। इसमें 20 देशों और 28 अनुसंधान जहाजों ने भाग लिया। यह कार्य वर्ष 1965 तक चला। अभियान में अनेक स्थलों पर हिंद महासागर की गहराई का मापन, जल के नमूनों का परीक्षण, सतह और विभिन्न गहराइयों पर पानी के तापमान का मापन एवं उनका रासायनिक विश्लेषण किया गया। ज्वार भाटों व लहरों का अध्ययन किया गया, मानसून और हवाओं की गति मापी गई तथा मौसम के अध्ययन के लिये विशेष मौसम केन्द्रों की स्थापना की गई।

समुद्र प्रौद्योगिकी

आज आधुनिक समुद्र प्रौद्योगिकी के विभिन्न चुनौती भरे कार्य क्षेत्र हैं, यथा - तटीय क्षेत्र प्रबंधन, तटीय क्षरण नियंत्रण, तटीय प्रदूषण नियंत्रण, समुद्र से तेल एवं गैस का उत्पादन एवं ऊर्जा उत्पादन के लिये समुद्री संसाधनों का उपयुक्त दोहन। जैसा कि वर्णित किया जा चुका है, दिल्ली की राष्ट्रीय सागर विज्ञान प्रयोगशाला, हैदराबाद का राष्ट्रीय भू-भौतिकी अनुसंधान संस्थान, गोवा के राष्ट्रीय सागर विज्ञान संस्थान, मुंबई के भारतीय भूचुंबकत्व संस्थान तथा बंगलौर के राष्ट्रीय विज्ञान संस्थान द्वारा समुद्र विज्ञान तथा प्रौद्योगिकी के क्षेत्र में अनेक मौलिक अनुसंधान कार्य किये जा रहे हैं।

समुद्र प्रौद्योगिकी के अंतर्गत किसी विशेष समस्या के निदान हेतु जिन अनेक विज्ञान एवं प्रौद्योगिकियों का समन्वय होता है, वे इस प्रकार है -

(1) समुद्री खनन विज्ञान एवं प्रौद्योगिकी

(2) मत्स्य विज्ञान व प्रौद्योगिकी

(3) नौसेना प्रौद्योगिकी

(4) अलवण जल के उपयोग की प्रौद्योगिकी

(5) प्रदूषण नियंत्रण प्रौद्योगिकी

(6) समुद्री तटों के विनाश व क्षरण का अध्ययन

(7) समुद्री जीवों के रोग नियंत्रण से संबंधित प्रौद्योगिकी

(8) मौसम व जलवायु विज्ञान

(9) अपशिष्ट पदार्थों के विसर्जन की प्रौद्योगिकी

समुद्र की तलहटी में स्थित पर्वतमालाओं में ज्वालामुखीय पर्वत भी छिपे हैं, जिनके भीतर आज भी गरम लावा पिघल रहा है। इनके विस्फोटों और भूकंपी घटनाओं से समुद्र तल का स्वरूप निरंतर बदलता रहता है। इसका अध्ययन भी समुद्र विज्ञान एवं प्रौद्योगिकी का अभिन्न अंग है।

रोजगार के अनेक अवसर

आज समुद्री विज्ञान एवं प्रौद्योगिकी के क्षेत्र में रोजगार की भी प्रबल संभावनाएँ हैं। विविधतापूर्ण रोजगार के इस क्षेत्र में अपनी इच्छानुसार सेवा का चयन किया जा सकता है। समुद्री विज्ञान एवं प्रौद्योगिकी के क्षेत्र में बतौर यांत्रिक अभियंता, पायलट, समुद्री अधिकारी, हाइड्रोग्राफिक सर्वेक्षक, ड्रेजर टग इंजीनियर एवं नौ संचालन अधिकारी के पद पर नियुक्ति की जाती है।

समुद्री विज्ञान एवं प्रौद्योगिकी से संबंधित विभिन्न पाठ्यक्रमों की विस्तृत जानकारी हेतु निम्नांकित संस्थाओं से संपर्क किया जा सकता है।

(i) महाप्रबंधक, शिपिंग, कॉरपोरेशन ऑफ इंडिया लिमिटेड, शिपिंग हाउस, 245, मेडम कामा मार्ग मुंबई - 400021

(ii) कंपनी सचिव, गोवा शिपयार्ड लिमिटेड, बास्को-डिगामा, गोवा - 403802

(iii) सचिव, कांडला पोर्ट ट्रस्ट, बाक्स सं. - 50, गांधीधाम, कच्छ 370201 (गुजरात)

(iv) निदेशक, केन्द्रीय मत्स्य नौचालन एवं इंजीनियरिंग प्रशिक्षण संस्थान, पो. बा. सं. 1724, दीवान रोड़, कोचीन - 692016.

(v) सचिव, महासागर विकास विभाग, महासागर भवन, ब्लाक -12, सी.ज़ी.ओ. कॉम्पलेक्स, लोदी रोड़, नई दिल्ली - 110003

(vi) निदेशक, इंडियन इंस्टीट्यूट ऑफ टेक्नोलॉजी, चेन्नई

अतः सागर के बहुपयोगी महत्व से हम अवगत हो चुके हैं। अब हमें महासागरों को प्रदूषण से बचाने के लिये सजग रहना होगा। महासागरों में डाले जाने वाले विषाक्त पदार्थों को रोकने तथा इसके विकास हेतु अंतरराष्ट्रीय संस्था संयुक्त राष्ट्र संघ (U.N.O.) ने वर्ष 1998-1999 को अंतरराष्ट्रीय समुद्र वर्ष घोषित किया था। इस अवसर पर कनाड़ा में एक अंतरराष्ट्रीय सम्मेलन भी आयोजिक किया गया, जिसमें सागर की संपदा की रक्षा के लिये, प्रस्तावित "ओशियन चार्टर" (Ocean Charter) पर भारत सहित कई देशों ने हस्ताक्षर किये जिससे सागर संसाधनों का उपयोग समुचित ढंग से हो, महासागरों को प्रदूषण से मुक्त रखा जा सके एवँ सागर की संपदा की रक्षा की जा सके।

इस तरह हम देखते हैं कि समुद्र की असीम संपदा से बहुत आशाएं है। इस संबंध में हिंद महासागर प्रचुर संभावनाएं प्रस्तुत करता है। विश्व के सागरों तथा महासागरों के परंपरागत क्षेत्रों में मत्स्य भंडार के घट जाने के कारण हिंद महासागर का महत्व बढ़ गया है। ऐसी स्थिति में भारतीय हितों की रक्षा तथा भारत की समुद्री संपदा की सुरक्षा के लिए हमारी नौसेना का दायित्व बहुत अधिक बढ़ गया है। इसके लिए हमारी नौसेना को और शक्तिशाली बनाना होगा।

परिशिष्ट

अंतःग्रहण	Ingestion
अंतरीय	Headland
अकशेरूकी	Invertebrate
अतल	Abyssal
अधस्थल	Subsurface
अर्द्धायु	Half life
अर्द्ध-दैनिक-ज्वार भाटा	Semidiurnal tide
अधिशोषण	Adsorption
अपरदन	Erosion
अपसरण	Divergence
अपक्षयण	Weathering
अपतट	Offshare
अपारगम्य	Impermeable
अवक्षेपण	Precipitation
अवपंकनाशी	Slimicide
अवपात	Fallout
अवसादन	Sedimenstation
अवसादी, तलछटी	Sedimentary
ऑक्सीकृत	Oxidised
आग्नेय	Igneous

आपक	Sludge
आयनमंडल	Ionosphere
आयन विनिमय	Ion exchange
अविलता	Turbidity
उत्स्रवण	Upwelling
उन्मुक्त सागर	Open ocean
ऊर्णन	Flocculation
उर्ध्वाधर परिक्षेपण	Vertical Dispersion
एलनीनो	Elnino
कल्प	Period
कर्मस्थिति	Niche
कवकनाशी	Fungicide
कशेरूकी	Vertebrate
कर्षण	Drag
क्रिटेशस कल्प	Cretaceous period
कीटनाशी	Insecticide
कोरल/प्रभाव	Coral
कोरल द्वीप	Atoll
क्लोरीनता	Chlorinity
क्षय	Decay
क्षैतिज	Horizontal
क्षोभ मंडल	Troposphere
खड्ड	Canyon
खाई	Trench
खुली खाड़ी	Bight
गंभीर सागर	Bathyal
गहनतम खड्ड	Hadal
गर्त	Depression
गाद	Silt

गोलार्ध	Hemisphere
घातक मात्रा	Lethal dose
चक्रवात	Cyclone
चिकनी परत	Slick
जल कृषि	Aquaculture
जल जनित	Hudrogenous
जलधारा	Current/Ocean current
जलमार्ग	Channel
जलमंडल	Hydrosphere
जल विरागी	Hydrophobic
जलीय चक्र	Hydrologicl cycle
जीवमंडल	Biosphore
जीवीय	Biotic community
ज्वार भाटा	Tide
भूमध्य रेखिक	Equitorial
ज्वारभित्ति	Bore
ज्वारीय तरंग	Tidal wave
ट्रोपोस्फीयर	Troposphere
तटीय/तट	Shore
तरंग/लहर	Wave
तटबंध	Leave
तटरेखा	Shoreline
तरंग परास	Fetch
तरंगिका	Ripcurrent
तृतीयक	Tertiary
द्रोणी गर्त	Trough
नाभिक	Nudeus
निक्षेप	Deposit
निस्यंदी अशन	Filter Feeding

पपड़ी/पर्पटी	Crust
परिक्षेपण	Dispersion
परिवेश	Ambient
पश्च जल	Back water
पश्च तट	Back shore
पारितंत्र	Ecosystem
पीड़कनाशी	Pesticide
प्रक्षोभ	Turbulance
प्रक्षुब्ध	Turbulant
प्रदूषण	Pollution
प्लवंकविज्ञान	Planktology
प्लवंक	Plankton
बफर	Buffer
बहिःस्राव	Effluent
बहुक्लोरोनित बाईफेनिल	Polychlorinated Biphenyls
भँवर	Eddy
भूकंपी	Seismic
भौम जलस्तर	Water Table
महाकल्प	Era
महातरंग	Swell
मलबा	Debris
मत्स्य उद्योग	Fisheries
महासागर	Ocean
महासागरीय क्षेत्र	Oceanic Province
महाद्वीपीय शैल्फ	Continental Shelf
महाद्वीपीय उत्थान	Continental rise
युग	Epoch
रक्त ज्वार	Red Tide
रोगाणुनाशी	Disinfectant

लवणता	Salinity
वसाम्ल	Fatty Acid
विभंग	Fracture
विषाक्तता	Toxicity
अपशिष्ट	Waste
संदूषण	Contamination
समज्वार रेखा	Corange line
समताप मंडल	Stratosphere
समतापीय	Isothermal
सागर तट	Sea shore
सागरीय	Sea
समुद्री गुफा	Sea Cave
सीवेज	Sewage
सीमांत सागर	Marginal sea
सुप्रकाशित क्षेत्र	Euphotic Zone
सुपोषण	Eutrophication
स्कंदन	Coagulation
स्थल मंडल	Lithosphere
स्थलाकृति	Topography
स्वपोषी	Autotroph
हिमनाद	Glacier
शाकनाशी	Herbicide
हैलोक्लाइन	Halocline